工业和信息化精品系列教材

Network Technique

微课版

计算机网络技术
入门教程
项目式 | 第2版

梁诚 ◉主编

李剑 陈颖 李蔚娟 李琼 ◉副主编

人民邮电出版社
北京

图书在版编目（CIP）数据

计算机网络技术入门教程：项目式：微课版 / 梁
诚主编. -- 2版. -- 北京：人民邮电出版社，2022.6
工业和信息化精品系列教材. 网络技术
ISBN 978-7-115-56266-1

Ⅰ. ①计… Ⅱ. ①梁… Ⅲ. ①计算机网络－职业教育
－教材 Ⅳ. ①TP393

中国版本图书馆CIP数据核字(2021)第056830号

内 容 提 要

本书依据"项目引导，任务驱动"的教学模式，以职业能力为导向，构建了以项目为载体的内容
体系。本书将理论教学和实践教学融为一体，由 7 个项目组成，内容包括认知计算机网络、双机互连
与布线、组建简单的局域网、配置和管理网络、配置 Internet 接入、组建小型无线局域网、网络使用
安全防护，内容涵盖网络模型与网络结构、综合布线、局域网技术、网络传输介质与网络设备、IPv4
地址与 IPv6 地址、网络共享、虚拟化技术、网络服务器配置、广域网与网络接入技术、无线局域网、
个人信息保护与网络安全防范等知识。

本书可作为职业教育计算机网络基础课程的教学用书，也可作为网络技术人员的入门级培训教材
和网络初学者的参考用书。

◆ 主　　编　梁　诚
　　副主编　李　剑　陈　颖　李蔚娟　李　琼
　　责任编辑　范博涛
　　责任印制　王　郁　焦志炜
◆ 人民邮电出版社出版发行　　　北京市丰台区成寿寺路 11 号
　　邮编　100164　　电子邮件　315@ptpress.com.cn
　　网址　https://www.ptpress.com.cn
　　三河市君旺印务有限公司印刷
◆ 开本：787×1092　1/16
　　印张：13.5　　　　　　　　　　2022 年 6 月第 2 版
　　字数：275 千字　　　　　　　　2022 年 6 月河北第 1 次印刷

定价：49.80 元

读者服务热线：**(010)81055256**　印装质量热线：**(010)81055316**
反盗版热线：**(010)81055315**
广告经营许可证：京东市监广登字 20170147 号

前言 FOREWORD

随着信息技术的迅猛发展，计算机网络已经渗透到社会生活的各个角落，人们的衣食住行、工作、学习、教育、医疗、娱乐等方方面面都已经离不开网络。当前，国内很多高职高专院校的计算机类和非计算机类专业都将计算机网络技术作为学生的必修课，为了帮助初学者熟练掌握计算机网络技术的相关知识，我们特别编写了这本浅显易懂、简洁实用的入门教材。

本书以"理论够用，实践优先"为原则，根据职业教育的要求和特点，以项目为载体，以工作任务为主线来设计内容结构。我们根据学生对网络的认知过程，由浅入深构建了 7 个项目，在每个项目或任务中首先由"背景描述"引出项目或任务；再通过"相关知识"讲解完成项目或任务所需的知识与技能，最后通过"任务实施"或"项目实施"逐步完成项目或任务；部分项目后面还附有"知识拓展"，用来拓宽学生的知识面，加深学生对相关技术的理解。本书内容好教易学、循序渐进、理实一体，注重培养学生的动手能力和就业能力。

本书上课学时可根据不同专业的要求灵活调整，一般建议学时为 60～72，具体分配如下所示。

项目名称	任务名称	参考学时
项目一　认知计算机网络		4～6
项目二　双机互连与布线	制作双绞线	4
	双机直连	4
	安装信息插座	4
项目三　组建简单的局域网	使用交换机组建对等网	10～14
	网络资源共享	8～10
项目四　配置和管理网络	安装 Windows Server 2016 操作系统	4
	配置 Windows Server 2016 服务器	8～10
项目五　配置 Internet 接入		4
项目六　组建小型无线局域网		4～6
项目七　网络使用安全防护	个人信息安全防范	2
	Windows 操作系统安全设置	2
	计算机病毒的检测与防范	2
合计学时		60～72

本书是对第 1 版图书的全新改版，由云南交通职业技术学院交通信息工程学院的梁诚担任主编，李剑、陈颖、李蔚娟、李琼担任副主编，梁诚负责拟定编写大纲和统稿。具体编写情况如下：项目一、项目五由李剑编写，项目二由李琼编写，项目三、项目六由梁诚编写，项目四由陈颖编写，项目七由李蔚娟编写。此外，湖北轻工职业技术学院程宁作为参编，参与了本书的编写。

在本书改版过程中，云南交通职业技术学院网络与信息化管理中心的王世雄和毛睿老师参与了本书微课的录制及后期处理，交通信息工程学院赵一瑾院长、何芸副院长、张杰副院长提出了许多建设性意见，在此表示由衷的感谢。另外，在编写过程中，我们还参考了网络安全厂商启明星辰提供的《个人信息安全防护宣传手册》，在此表示感谢。

由于编者水平有限，书中难免有不当之处，恳请广大读者批评指正。

编 者

2022 年 3 月

目录 CONTENTS

项目一

项目二

项目三

组建简单的局域网 ···································· 57

项目四

配置和管理网络 ·· 101

项目五

项目六

项目七

网络使用安全防护 ························· 185

项目一
认知计算机网络

01

一、项目背景描述

人类社会已经进入了以网络为核心的信息时代，以互联网为代表的计算机网络已经深入社会的各个领域，成为人们工作和生活中不可或缺的一部分，并推动着社会的深刻变革。当前，网络技术日新月异，移动互联网、物联网、云计算等新技术不断涌现，但应用这些新技术的前提是需要构建一个互联互通的网络。但是，计算机网络到底是什么，它是怎样把天南海北、四面八方的人们连接在一起的？其中的奥秘何在？

二、相关知识

（一）计算机网络概述

1. 计算机网络的定义

所谓计算机网络，就是将地理位置上分散且具有独立功能的计算机、终端和外部设备，通过有线或无线传输介质连接起来，在网络操作系统、网络管理软件及网络协议的管理和协调下，实现资源共享和信息传递的系统，如图 1-1 所示。

计算机网络中的每台计算机或终端都是独立完整的设备，既可以独立完成本地工作，也可以连接网络进行工作。计算机、终端和外部设备通过双绞线、光纤、无线电波等有线或无线传输介质进行连接。网络协议是指在网络中为进行数据交换而建立的规则、标准或约定的集合，是进行正确通信和信息传输的保障。共享的资源可以是硬件，也可以是软件和信息资源。

2. 计算机网络的发展

计算机网络自出现以来，其发展速度与应用的广泛程度十分惊人，它的发展方向逐渐成为当今世界高新技术发展的核心方向之一。纵观计算机网络的发展历程，其大致经历了以下四个阶段。

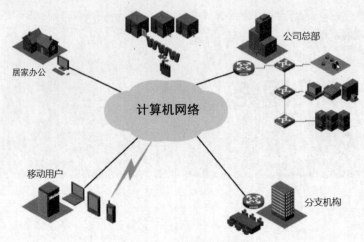

图1-1　计算机网络示意图

（1）诞生阶段（计算机终端网络）

20世纪60年代中期之前的第一代计算机网络是以单个计算机为中心的远程联机系统，其典型应用是由一台计算机和全美国范围内2 000多个终端组成的飞机订票系统。这种系统将地理位置分散的多个终端通过通信线路连接到一台中心计算机上，用户可以在自己办公室内的终端上输入命令，通过通信线路将命令传输到中心计算机上，处理结果再由通信线路回送到用户终端来显示或打印。这种以单个计算机为中心的远程联机系统称作面向终端的远程联机系统。当时计算机的体积庞大，价格昂贵，设置在专用机房内；相对而言，通信线路和通信设备较为便宜，为了共享计算机强大的资源，将多台具有通信功能而无处理功能的终端设备与计算机相连。终端是一台计算机的外部设备，包括显示器和键盘，无CPU和内存，放置在各个需要使用计算机的工作环境中。当时，人们把计算机网络定义为"以传输信息为目的而连接起来，实现远程信息处理或进一步达到资源共享的系统"，这样的通信系统已具备计算机网络的雏形。

（2）形成阶段（计算机通信网络）

20世纪60年代中期至70年代的第二代计算机网络是以多个主机通过通信线路互联起来为用户提供服务的网络，它将不同地点的计算机通过通信线路互联成为计算机-计算机网络，联网用户可以通过计算机使用本地的软硬件与数据资源，也可以使用网络中其他计算机的软硬件与数据资源，以达到资源共享的目的。该阶段的主要特点是分散管理，也就是多个主机互联成系统，类似于若干个第一代计算机网络的组合。第二代计算机网络实现了更大范围内的资源共享，其典型代表是美国国防部高级研究计划局协助开发的ARPANET，也就是现代Internet的雏形。这个时期，计算机网络的概念为"以能够相互共享资源为目的互联起来的具有独立功能的计算机之集合体"，形成了计算机网络的基本概念。

（3）互联互通阶段（开放式的标准化计算机网络）

20世纪70年代末至90年代的第三代计算机网络是具有统一的网络体系结构并遵守国际

标准的开放式和标准化网络。ARPANET 兴起后，计算机网络发展迅猛，各大计算机公司相继推出自己的网络体系结构及实现这些结构的软硬件产品。由于没有统一的标准，不同厂商的产品之间互联很困难，人们迫切需要一种开放性的标准化实用网络环境，这样应运而生了两种国际通用的最重要的体系结构，即 TCP/IP 体系结构和国际标准化组织（International Organization for Standardization，ISO）的 OSI 体系结构。ISO 制定的开放式系统互联参考模型（Open Systems Interconnection/Reference Model，OSI/RM）成为研究和制定新一代计算机网络标准的基础，从而极大地促进了计算机网络技术的发展。此阶段的网络应用已经发展到为企业提供信息共享服务的信息服务时代。具有代表性的系统是 1985 年美国国家科学基金会的 NSFNET。

（4）高速网络技术阶段（第四代计算机网络）

20 世纪 90 年代至今的第四代计算机网络，由于局域网技术发展成熟，出现了光纤及高速网络技术，整个网络就像一个对用户透明的巨大计算机系统，发展为以因特网（Internet）为代表的互联网。

3. 互联网在我国的发展历程

中国是全球互联网大国之一，网民人数多，联网区域广。据 2022 年 2 月中国互联网络信息中心（China Internet Network Information Center，CNNIC）发布的第 49 次《中国互联网络发展状况统计报告》显示，截至 2021 年 12 月，我国网民规模达到 10.32 亿，互联网普及率达到 73.0%，其中手机网民规模达到 10.29 亿，网民使用手机上网的比例达到 99.7%。

互联网在我国的发展历程大致可以划分为研究试验、起步和快速增长三个阶段。

1986 年，北京市计算机应用技术研究所与德国卡尔斯鲁厄大学启动实施国际联网项目——中国学术网。1987 年 9 月，中国学术网在北京计算机应用技术研究所内正式建成中国第一个国际互联网电子邮件节点，并于 1987 年 9 月 14 日发出了中国第一封电子邮件，揭开了中国人使用互联网的序幕。1990 年 11 月 28 日，钱天白教授代表中国正式在斯坦福研究所网络信息中心（Stanford Research Institute's Network Information Center，SRI-NIC）注册登记了中国的国家顶级域名 CN，并且开通了使用中国顶级域名 CN 的国际电子邮件服务，从此中国的网络有了自己的身份标识。由于当时中国尚未实现与国际互联网的全功能联接，中国国家顶级域名（CN）服务器暂时建在了德国卡尔斯鲁厄大学。1994 年 4 月 20 日，中关村地区教育与科研示范网通过美国 Sprint 公司接入 Internet 的 64K 国际专线开通，实现了与 Internet 的全功能联接，从此中国被国际上正式承认为真正拥有全功能 Internet 的国家。1994 年 5 月 15 日，中国科学院高能物理研究所设立了国内第一个 Web 服务器，推出中国第一套网页。1994 年 5 月 21 日，中国科学院计算机网络信息中心完成了中国国家顶级域名（CN）服务器的设置，改变了中国的顶级域名服务器一直放在国外的历史。1995 年 1 月，原邮电部电信总局通过电话网、DDN 专线，以及 X.25 等方式开始向社会提供 Internet 接入服务。

2002 年 1 月 11 日，中国电信上海-杭州 10G IP over DWDM 建成开通，这条全国最宽的数据通信通道标志着中国 Internet 骨干传输网从 2.5G 时代步入 10G 时代，代表着我国电信数据传输能力已经达到国际先进水平。2004 年 2 月，我国第一个下一代互联网示范工程 CERNET2 试验网正式开通并提供服务，它是中国第一个 IPv6 国家主干网，是目前所知世界上规模最大且采用纯 IPv6 技术的下一代互联网主干网络。

到目前为止，我国陆续建造了多个连接互联网的全国范围公用计算机骨干网络，其中规模最大的有五个：中国公用计算机互联网（中国电信）、中国移动互联网（中国移动）、中国联通互联网（中国联通）、中国教育和科研计算机网（教育部负责管理）、中国科技网（中国科学院负责管理）。

4. 计算机网络的分类

计算机网络可以按照网络覆盖范围、传输介质访问控制方法、网络的拓扑结构、传输介质等的不同进行分类。

（1）按照网络覆盖范围分类

从网络节点分布的地域范围和规模来看，可以将计算机网络分为局域网（Local Area Network，LAN）、城域网（Metropolitan Area Network，MAN）、广域网（Wide Area Network，WAN）。

① 局域网

局域网是指将有限范围内（如一个办公室、一幢大楼、一个园区）的各种计算机、终端与外部设备等互相连接起来组成的计算机网络。局域网通常由一个单位或组织自行建设和维护，覆盖范围从几米到几千米不等。局域网地理覆盖范围较小、数据传输速率高、通信延迟时间短、可靠性较高、扩展性强。

IEEE 802 标准委员会定义的局域网有：以太网（Ethernet）、令牌环（Token Ring）网、光纤分布式数据接口（Fiber Distributed Data Interface，FDDI）网、异步传输模式（Asynchronous Transfer Mode，ATM）网及无线局域网（Wireless Local Area Network，WLAN）等。

② 城域网

城域网在地理覆盖范围上可以说是局域网的延伸，地理覆盖范围可从几十千米到上百千米，可以覆盖一个城市或地区。一个城域网通常连接着多个局域网，如政府、医院、学校、公司等机构的局域网。光纤线路的引入使得城域网中高速的局域网互联成为可能。

③ 广域网

广域网是连接不同地区局域网或城域网的远程通信网络，它通常跨接很大的物理范围，覆盖的地理范围从几十千米到几千千米，连接多个地区、城市和国家，甚至跨越国界、洲界，遍及全球，形成国际性的远程网络。

广域网地理覆盖范围广、通信距离远，可实现不同城市、地区和国家之间的数据通信。它通常使用光纤作为传输介质，一般由电信部门或专门的公司负责组建、管理和维护，并向全社会提供有偿通信服务。虽然广域网的主干线路带宽大，但提供给单个终端用户的带宽小，因传输距离远，延迟比较大，广域网连接一般要依赖运营商提供的电信数据网络。

（2）按照传输介质访问控制方法分类

按照传输介质所使用的访问控制方法可以将网络分为以太网、FDDI网、ATM网、令牌环网等。

（3）按照网络的拓扑结构分类

按照网络的拓扑结构可以将计算机网络分为星状网络、总线型网络、环状网络、树状网络、网状网络、混合型网络等。

（4）按照传输介质分类

按照传输介质可以将计算机网络分为有线网络和无线网络两类。有线网络一般采用同轴电缆、双绞线和光纤等作为传输介质；无线网络采用空气作为传输介质，依靠电磁波、蓝牙、红外线等作为载体来传输数据。

5. 计算机网络的组成

计算机网络是由计算机（或其他终端设备）和网络设备通过传输介质连接在一起组成的网络。从逻辑上讲，计算机网络由通信子网和资源子网两部分组成；从物理上讲，计算机网络由网络硬件和网络软件组成。

（1）通信子网和资源子网

计算机网络中实现网络通信功能的设备及其软件的集合称为通信子网，而计算机网络中实现资源共享功能的设备及其软件的集合称为资源子网，如图1-2所示。

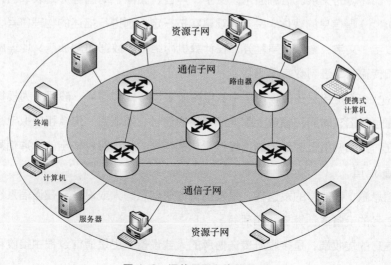

图1-2　通信子网和资源子网

通信子网由 OSI 参考模型的低三层（物理层、数据链路层、网络层）组成，它是网络的内层，负责信息的传输，主要为用户提供数据的传输、转接、加工、变换等通信处理工作，包括通信线路（即传输介质）、网络连接设备、网络协议、通信控制软件等。

资源子网由 OSI 参考模型的高三层（会话层、表示层、应用层）组成，它负责网络的信息处理，为用户提供网络服务和资源共享功能等，包括用户计算机、网络存储系统、网络打印机、网络终端、服务器，以及网络上运行的各种软件资源、数据资源等。

（2）网络硬件和网络软件

网络硬件包括服务器、客户机、终端设备（如手机、平板电脑）、网络互联设备（如交换机、路由器）和传输介质等。

网络软件主要包括网络操作系统（如 Windows Server、Linux）、协议软件（如 TCP/IP）、通信软件，以及系统管理和服务软件等。

（二）数据通信基础

1．数据通信的基本概念

数据通信是通信技术和计算机技术相结合而产生的一种新的通信方式。数据通信是依照一定的通信协议，利用数据传输技术在两个终端之间传递数据信息的一种通信方式和通信业务，是继电报、电话业务之后的第三种通信业务。数据通信技术是网络技术发展的基础，数据通信传递的信息均以二进制数据的形式来表现。

2．数据通信的常用术语

（1）信息、数据和信号

信息（Information）是人们对客观事物属性和特性的认识，反映了客观事物的属性、状态、结构及其与外部环境的关系。信息通常以文字、声音、图像、动画等形式表现出来。

数据（Data）是信息的载体，是对客观事实按一定规则进行描述的物理符号。数据有很多种，可以是数字、文字、图像、声音等。在计算机网络中，数据通常被广义地理解为在网络中存储、处理和传输的二进制数字编码。

信号（Signal）是数据在传输过程中的电磁波表示形式。信号一般可分为模拟信号和数字信号。模拟信号是指在时间和幅值上都连续变化的信号，如电话、传真和模拟电视信号等。数字信号是指在时间和幅值上都离散的、经过量化的信号，如计算机输出的脉冲信号等。

（2）信源/信宿

信源（信息源）是信息的发送端，是发出待传送信息的人或设备。在通信系统中，信源是产生和发送信号的设备或计算机，如话筒。

信宿是信息的接收端，是接收所传送信息的人或设备，也是通信过程中接收和处理信号的设备或计算机。

（3）信道

通信信道简称信道，它是数据传输的通道，包括传输介质及有关的通信设备。在计算机网络中，信道分为有线信道/无线信道、模拟信道/数字信道、物理信道/逻辑信道等。

（4）数据传输

数据传输是数据从一个地方传送到另一个地方的通信过程。数据传输信道可以是一条专用的信道，也可以由数据交换网、电话交换网或其他类型的交换网络来提供。

（5）多路复用

多路复用就是在一个物理信道中利用特殊技术传输多路信号，即在一个物理信道中产生多个逻辑信道，每个逻辑信道传送一路信息。目前常用的多路复用技术有频分多路复用、时分多路复用、码分多路复用和波分多路复用技术等。

3. 数据通信的主要技术指标

（1）带宽

计算机只能识别二进制的 0 和 1，其中 0 表示低电平，1 表示高电平。计算机在通信过程中，发送的信息会被转换成二进制数传输，一个二进制数就称为一个"比特"（bit）或一"位"。

在数字通信中，带宽是指在单位时间内线路能够传输的数据量，其单位通常用位/秒（bit/s 或 bps，也称为"比特率"）来表示。在日常生活中，描述带宽时常常把 bit/s 省略掉，如带宽为 100M，完整的称谓应为 100Mbit/s。

（2）信道容量

单位时间内信道上所能传输的最大的信息量称为信道容量，用比特率表示，单位是 bit/s（bps）。通常信道容量和带宽具有正比关系，带宽越大，信道容量越大。要提高信号的传输速率，信道就要有足够的带宽，因此也常用带宽来表示信道容量。

（3）误码率

由于种种原因，数字信号在传输过程中不可避免地会产生差错。在一定时间内收到的数字信号中发生差错的比特数与同一时间所收到的数字信号的总比特数之比，就叫作"误码率"（或"差错率"）。误码率是衡量系统可靠性的指标，通常应低于 10^{-6}。

（4）吞吐量

吞吐量在数值上表示网络或交换设备在单位时间内成功传输或交换的信息总量，包括该时间内上传和下载产生的所有流量，单位为 bit/s。

（5）延迟

数据的延迟又称时延，它表示数据从一个网络节点传送到另一个网络节点所需要的时间，一般以 ms（毫秒）为单位。网络中产生延迟的因素很多，延迟既受网络设备的影响，也受传输介质、网络协议标准的影响；既受硬件制约，也受软件制约。延迟是一个非常重要的数据通信技术指标，它包括发送延迟、传播延迟、处理延迟和排队延迟等。延迟是不可能完全消除的。

4．数据传输的基本形式

通信网络中的数据传输根据使用的频带不同可以分为两种基本形式：基带传输和频带传输。

（1）基带传输

在数据通信中，计算机或终端等数字设备发出的信号是二进制的数字数据信号，是典型的矩形脉冲信号（或称方波信号），它用高、低电平来分别表示二进制数 1 和 0。人们把矩形脉冲信号的固有频带称为基本频带（简称"基带"），而将这种表示二进制数的矩形脉冲信号称为基带信号。

基带传输是指在数字信道上直接传送数字基带信号的传输方式，它使用数字信号的原有波形，不需要调制/解调转换，数字脉冲信号经编码后直接在信道上传输。基带传输是一种最简单最基本的传输方式，它具有实现简单、传输速率高、误码率低的特点，但基带信号随着传输距离的增加而迅速衰减，因此不适合远距离传输。大多数的局域网都使用基带传输，如以太网、令牌环网。

在基带传输中，需要对数字信号进行编码来表示数据，常用的数据编码方式有三种：不归零（Non-Return to Zero）编码、曼彻斯特（Manchester）编码和差分曼彻斯特（Differential Manchester）编码。

（2）频带传输

基带传输只适用于短距离的数据传输，若要远距离通信，可以将基带信号转换成模拟信号。所谓的频带传输就是将数字信号转换成模拟信号来进行传输，它首先将数字信号变换（调制）成便于在模拟信道中传输的、具有较高频率范围的模拟信号（即频带信号），再将这种频带信号在模拟信道中传输。频带传输中最典型的通信设备是调制解调器（Modem），它的作用是在发送端将数字信号转换成可以在电话线上传输的模拟信号，在接收端再将模拟信号转换成数字信号。频带传输不仅解决了长途电话线路不能传输数字信号的问题，而且能够实现多路复用，提高了信道利用率，其缺点是传输速率低、误码率高。

数字信号到模拟信号的调制有三种基本方法：频移键控法（Frequency-Shift Keying，FSK）、幅移键控法（Amplitude-Shift Keying，ASK）和相移键控法（Phase-Shift Keying，PSK）。

宽带传输也是一种频带传输技术。所谓宽带，就是比音频带宽更宽的频带，它包括大部分电磁波频谱。宽带传输将一个宽带信道划分为多条逻辑信道，每条逻辑信道可以携带不同的信号，从而实现把声音、图像和数据信息综合在一个物理信道中同时传输，因此信道容量大大增加。注意：宽带传输一定是采用频带传输技术的，但频带传输不一定就是宽带传输。

5. 数据通信的传输方式

数据通信的传输方式有不同的分类方法：根据数据的传送方向可分为单工通信、半双工通信和全双工通信；根据每次传送的数据位数，可分为并行传输和串行传输；根据使用的数据同步方法，可分为同步传输和异步传输。

（1）单工、半双工和全双工通信

① 单工通信：指数据在任一时刻只能向一个方向传送，任何时候都不能改变数据的传送方向，数据总是从发送端传送到接收端，如图 1-3（a）所示。

② 半双工通信：指数据可以双向传送，但是必须交替进行，某个时刻只能向一个方向传送。也就是说，通信双方都可以发送或接收数据，但只能轮流工作而不能同时发送或接收数据，如图 1-3（b）所示。

③ 全双工通信：指数据可以同时在两个方向上传送，通信双方能够同时发送和接收信息。要实现全双工通信，通信双方都需要具备发送装置和接收装置，并且需要两条信道，分别用于发送和接收数据，如图 1-3（c）所示。

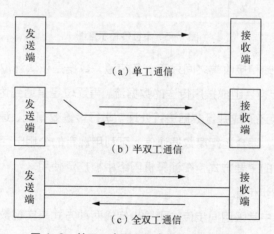

图 1-3　单工、半双工和全双工通信示意图

（2）并行传输和串行传输

① 并行传输

如果一组数据的各数据位在多条线路上同时传输，这种传输方式称为并行传输或并行通信，如图 1-4 所示。

并行传输需要多条信道，每位数据占用一条信道，可在两个设备之间同时传输多个数据位。一个经过编码的字符通常由若干位二进制数表示，如用 ASCII 码编码的符号是由 8 位二进制数表示的，并行传输 ASCII 编码符号就需要 8 条信道，使表示一个符号的所有数据位能沿着各自的信道同时传输。并行传输速度快、效率高，一次可以传输多个数据位，但是它需要多个物理信道，成本较高，所以并行传输只适用于近距离的数据传输。

图 1-4 并行传输示意图

② 串行传输

串行传输（或称串行通信）是指用一条线路传输比特流（二进制位），一次只传输一个比特，如图 1-5 所示。

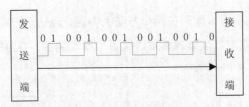

图 1-5 串行传输示意图

串行传输时，发送端和接收端之间只有一条信道，数据是依次逐位在线路上传输的，发送端将并行数据经并/串转换后组成按序传送的数据流，再逐位经信道到达接收端的设备中，并在接收端中再经串/并转换还原成并行数据进行处理。串行传输效率低、速度慢，但它节约线路资源、成本低、结构简单，适合远距离数据通信，可利用现有的公用电话线路实现数据传输。串行传输是目前数据传输的主要方式，在计算机网络中被广泛使用。

（3）同步传输和异步传输

目前，计算机网络中常采用同步传输和异步传输两种方式来实现数据通信。发送端和接收端的时钟是独立的还是同步的，是异步传输与同步传输方式的根本区别。若发送端和接收端的时钟是同步的，则称之为同步传输；若发送端和接收端的时钟是独立的，则称之为异步传输。

① 同步传输

同步传输的通信双方必须先建立同步，即双方的时钟要调整到同一频率，然后收发双方不停地发送和接收连续的比特流。同步传输是以许多字符或许多比特组成的数据块为传输单元，这些数据块被称作"帧"。由发送端或接收端提供专门用于同步的时钟信号，在帧的起始处同步，在帧内维持固定的时钟。在计算机网络中，常将时钟同步信号混入数据信号帧中，以实现接收端与发送端的同步。同步传输能更好地利用信道，传输效率高、速度快，但实现技术复杂、成本较高。

② 异步传输

异步传输的发送端和接收端具有相互独立的时钟，并且两者中任一方都不向对方提供时钟同步信号。异步传输以字符为信息传输单位。在每个字符的起始处开始对字符内的比特实现同步，但字符与字符之间的时间间隔是不固定的，也就是字符之间是异步传输的。因发送端可以在任意时刻开始发送字符，所以必须在每一个字符开始和结束的地方加上标志，即加上起始位和停止位，以便使接收端能够正确地将每一个字符接收下来。

异步传输方式实现简单、成本低，但因传输每个字符都要添加起始位和停止位等同步数据，故传输效率较低、信道利用率低，一般适用于低速通信的场合。

6. 数据交换技术

从通信资源的分配角度来看，"交换"就是按照某种方式动态地分配传输线路的资源，从而在源端和目的端之间建立信道以进行数据的传输。常用的数据交换技术有电路交换（Circurt Switching）、报文交换（Message Switching）和分组交换（Packet Switching）技术。

（1）电路交换技术

电路交换技术最早出现在电话系统中，早期的计算机网络就是采用这种技术来传输数据的。电路交换与拨打电话的原理类似，当要发送数据时，交换机在发送端和接收端之间创建一条独占的数据传输通道，这条通道可能是一条物理通道，也可能是经过多路复用得到的逻辑通道。这条通道具有固定的带宽，由通信双方独占，直到数据传输结束后才被释放。电路交换通常包括线路建立、数据传输及线路拆除三个阶段。

电路交换技术的优点是传输延迟小、数据传输实时性好；而其缺点在于初始连接建立慢，网络资源利用率低，对于已经建立好的信道，即使通信双方没有数据要传输，也不能为其他用户所使用，从而造成带宽资源的浪费。

电路交换技术适用于高质量、信息量大的固定用户间的通信。但由于计算机通信具有频繁、快速、小量、流量峰谷差距大、多点通信等特点，电路交换技术并不适用于大规模计算机网络中的终端直接通信。

（2）报文交换技术

报文交换技术来源于电报通信系统，它以报文（Message）为单位来进行传输，"报文"指的是要传输的整块数据。报文交换技术就是中间节点设备（如交换机）先将传输的整个报文从接收线路上接收下来，然后根据网络中的流量情况在适当的时候再将报文转发到相应的目的线路上去的一种信道实现技术。报文交换技术采用存储-转发交换方式，当发送端的报文到达节点交换机时，先将报文暂时存储在交换机的存储器中，当所需要的传输线路空闲时，再将该报文发往下一站。

在报文交换过程中，由于报文是经过存储的，因此通信就不是实时的。报文交换不需要建立专门的信道，因此线路利用率高、传输效率高、灵活性强，缺点是传输延迟大，不能满足实时和交互式通信的要求，它比较适用于公众电报和电子信箱业务。

（3）分组交换技术

分组交换也称"包交换"，分组交换技术将用户数据划分成多个等长的小数据段（相当于将一个大的报文分割成多个小的数据段），在每个小数据段的前面加上必要的控制信息作为首部，每个带有首部的数据段就构成了一个分组（Packet，也称为"包"）。首部指明了该分组发送的目的地址，当交换机收到分组之后，将根据首部中的地址信息将分组转发到目的地，这就是分组交换。分组交换技术以分组为单位进行存储转发，采用动态复用技术来传输各个分组，它能保证任何用户都不会长时间独占传输线路，因而它可以较充分地利用信道带宽，提高了线路的利用率，成为计算机网络采用的主要数据交换技术。

分组交换技术兼有电路交换技术和报文交换技术的优点，传输速度比报文交换技术要快，但因数据要被分割成一个个小的分组分别传输，所以传输延迟较大、实时性较差，所需设备功能复杂并要具有较强的处理能力。

（三）网络拓扑结构

计算机网络的拓扑结构是指网络中通信线路互联各种设备（网络设备、计算机或其他终端）的物理布局。常见的计算机网络拓扑结构有总线型拓扑结构、星状拓扑结构、环状拓扑结构、树状拓扑结构、网状拓扑结构等。

1. 总线型拓扑结构

在总线型拓扑结构中，所有节点由一条共用的信息传输通道（称为"总线"）连接起来，节点间的通信都通过同一条总线来完成，如图1-6所示。总线型拓扑结构具有结构简单、成本低、安装使用方便等特点，但总线发生故障会导致整个网络瘫痪，故障诊断和隔离比较困难。由于各节点共享总线带宽，当网络中的节点数比较多时，会导致网络性能急剧下降。总线型拓扑结构现在基本上已经被淘汰。

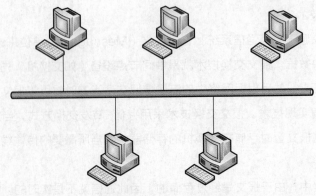

图1-6　总线型拓扑结构

2. 星状拓扑结构

星状拓扑结构是当前局域网中应用最广泛的一种拓扑结构，它由一个中央节点（如交换机）

和若干个从节点（计算机或其他终端）组成，如图 1-7 所示。中央节点可以与任意一个从节点直接通信，但从节点之间的通信必须经过中央节点转发。

星状拓扑结构的特点是结构简单、配置灵活、扩展性好、便于网络的集中管理，当某一节点发生故障时，不会影响其他节点的通信。其缺点在于网络的可靠性完全依赖于中央节点，中央节点一旦出现故障将导致整个网络瘫痪。

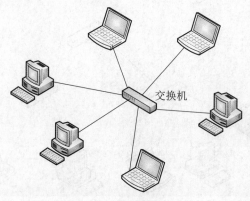

图 1-7　星状拓扑结构

3. 环状拓扑结构

环状拓扑结构是将各节点通过一条首尾相连的通信线路连接起来形成一个闭合环路，如图 1-8 所示。在这种结构中，每一个节点只能和它的一个或两个相邻节点直接通信，如果需要与其他节点通信，信息必须依次经过两者之间的每一个设备。环形拓扑结构可以是单向的，也可以是双向的。环形拓扑结构的结构简单、建网容易、传输延迟确定、实时性较好。其缺点是环路封闭，节点扩充不便；任一节点发生故障会导致全网瘫痪，故障定位比较困难。环形拓扑结构目前已很少使用。

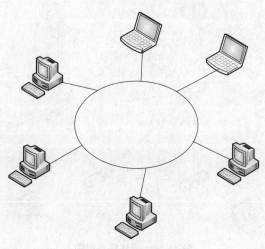

图 1-8　环状拓扑结构

4．树状拓扑结构

树状拓扑结构像一棵倒置的树，顶端是树根（根节点），树根以下是分支，每个分支还可以有子分支，如图1-9所示。树状拓扑结构的优点是易于扩展、故障隔离比较容易；若某一线路或分支节点出现故障，它仅影响到局部区域。树状拓扑结构的缺点是各个节点对根节点的依赖性很大，如果根节点发生故障，整个网络将无法正常工作。

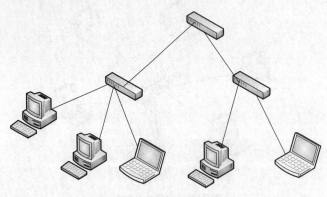

图1-9　树状拓扑结构

5．网状拓扑结构

在网状拓扑结构中，每个节点都有多条线路与其他节点相连，这使得节点之间存在多条路径可选，用户可以为数据流选择最佳路径，从而避开拥堵或故障线路，如图1-10所示。全网状拓扑结构可靠性高、容错性能好，但结构复杂、成本很高、不易管理和维护，所以在实际应用中常常采用部分网状拓扑结构代替全网状拓扑结构，即在重要节点间采用全网状拓扑结构，而非重要节点间则省略一些连接。

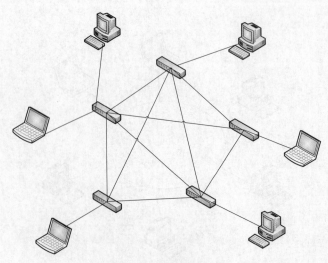

图1-10　网状拓扑结构

（四）网络参考模型

1. OSI 参考模型

在计算机网络发展的早期，各个网络厂商均按照自己的标准生产网络设备，导致不同厂家的设备不能互相兼容，也不能互相通信。为了解决这一问题，20 世纪 80 年代，ISO 制定并颁布了开放系统互联参考模型，即 OSI 参考模型，并很快成为计算机网络通信的基础模型，极大地促进了网络通信的发展。

OSI 参考模型采用层次化的结构模型，以实现网络的分层设计，从而将庞大而复杂的问题分解成若干个较小且易于处理的子问题。分层设计可以实现协议的标准化，降低层与层之间的关联性，并使得层之间的边界更加清晰，容易理解。OSI 参考模型将网络自下而上分为七层，分别是物理层、数据链路层、网络层、传输层、会话层、表示层、应用层，如图 1-11 所示。各层的主要功能介绍分别如下。

图 1-11　OSI 参考模型

（1）物理层

物理层是 OSI 参考模型的最底层，其功能是在终端设备之间传输原始的比特流（信号电压）。物理层的数据单位称为"比特"或"位"。

物理层并不是指物理设备或物理介质，而是定义有关物理设备通过物理介质进行互连的描述和规定。物理层提供建立、维护和拆除物理链路所需的机械、电气、功能和规程的特性，包括电压、接口、线缆标准和传输距离等。

常见的物理层传输介质包括同轴电缆、双绞线、光纤和无线电波等。典型的局域网物理层设备有中继器和集线器，而调制解调器则属于广域网物理层设备。

（2）数据链路层

数据链路层负责在两个相邻节点之间建立、维持和释放数据链路的连接，实现无差错的数据传输，并进行流量控制和差错校验。数据链路层的数据单位称为"帧"（Frame）。

为了在对网络层协议提供统一接口的同时对下层的各种介质进行管理控制，局域网的数据链路层又被划分为两个子层：介质访问控制（Media Access Control，MAC）子层和逻辑链路控制（Logic Link Control，LLC）子层。MAC 子层靠近物理层，它定义了数据怎样在介质上进行传输，它是与物理层相关的；LLC 子层靠近网络层，位于 MAC 子层之上，它实现数据链路层中与硬件无关的功能，其主要功能是识别不同的网络层协议并进行封装。

数据链路层的典型设备是以太网交换机。

（3）网络层

网络层为数据在节点之间的传输创建逻辑链路，通过路由选择算法选择一条最佳路径将数据发送出去。网络层的数据单位称为"包"（Packet）。网络层可以实现异种网络的互联，其主要功能包括 IP 编址、路由选择和拥塞控制等。

网络层的典型设备是路由器和三层交换机。

（4）传输层

传输层也称为运输层，其功能是在主机之间建立端到端的通信连接并提供可靠或不可靠的数据传输。它一般包含四项基本功能：分段上层数据、建立端到端连接、将数据从一端主机传送到另一端主机、保证数据可靠及正确传输。传输层的数据单位称为"段"（Segment）。

传输层的主要协议包括传输控制协议（Transmission Control Protocol，TCP）和用户数据报协议（User Datagram Protocol，UDP）。TCP 是一种面向连接的、可靠的传输协议，主要用于对传输可靠性要求比较高的应用，如 FTP（文件传输协议，File Transfer Protocol，FTP）、Telnet（远程登录）、E-mail 等；UDP 是一种无连接的、不可靠的传输协议，主要用于对响应速度及实时性要求较高的应用，如视频会议、直播等。

（5）会话层、表示层、应用层

会话层、表示层、应用层属于 OSI 参考模型的高层，它们向应用程序提供各种服务。

会话层也称为对话层，它为表示层提供建立、维护和拆除会话连接的功能，提供会话管理服务，它可以通过对话控制来决定使用何种通信方式，如全双工通信或半双工通信。

表示层负责定义应用层数据的格式与结构，以便设备能够正确识别和理解，其主要功能是完成传输数据的解释工作，包括数据的加密/解密、压缩/解压、格式转换等。

应用层是 OSI 模型的最高层，它是用户应用程序与网络的接口，应用层和应用程序协同工作，直接向用户提供服务，完成用户希望在网络中完成的各种工作。常见的应用层服务如 HTTP、

FTP 等。需要强调的是，应用层并不等同于应用程序。

2. TCP/IP 模型

OSI 参考模型为网络的兼容与互联互通提供了统一标准，但该模型过于复杂，难以完全实现，再加上 OSI 参考模型提出来时，TCP/IP 协议已经占据主导地位，因此到现在也没有一个完全遵循 OSI 参考模型的协议簇流行开来。

TCP/IP 模型起源于美国国防部 20 世纪 60 年代的 ARPANET 研究项目，现在已发展成为计算机之间最常用的网络协议，成为 Internet 的事实标准。TCP/IP 是先有协议，后来才制定 TCP/IP 模型。TCP/IP 模型得名于 TCP/IP 协议簇中的两个最重要的协议：传输控制协议（Transmission Control Protocol，TCP）和网际协议（Internet Protocol，IP）。其中，TCP 为应用程序提供端到端的控制和通信功能，IP 为各种不同的通信子网提供统一的互联平台。

TCP/IP 模型与 OSI 参考模型一样，也采用层次化结构，每一层负责不同的通信功能，但 TCP/IP 模型只有四层，包括网络接口层、网络层、传输层和应用层。TCP/IP 模型与 OSI 参考模型的大致对应关系如图 1-12 所示。各层的主要功能简述如下。

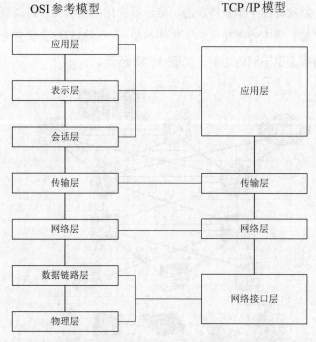

图 1-12　OSI 参考模型与 TCP/IP 模型的对应关系

（1）网络接口层

网络接口层大致对应 OSI 参考模型的物理层和数据链路层，通常包括计算机和网络设备的接口驱动程序与网络接口卡等，它定义了主机如何连接到网络，负责处理与传输介质相关的细节，并为上层提供统一的网络接口。

（2）网络层

TCP/IP 模型的网络层对应 OSI 参考模型的网络层。网络层的主要功能是进行网络互联和路由，将数据包正确地传送到目的地。网络层的协议主要包括：IP、ICMP（Internet 控制消息协议）、IGMP（Internet 组管理协议）等，其中 IP 是这一层最核心的协议。

（3）传输层

TCP/IP 模型的传输层对应 OSI 参考模型的传输层，它的主要功能是进行主机之间端到端的数据传输。为保证传输的可靠性，传输层提供了确认应答、流量控制、错误校验和排序等功能。传输层主要包括两个协议：TCP 和 UDP。

（4）应用层

在 TCP/IP 模型中，所有与应用相关的工作都归为应用层。TCP/IP 模型的应用层对应 OSI 参考模型中的会话层、表示层和应用层，它为应用程序提供各种网络服务。

（五）网络三层结构模型

为了方便管理及提高网络性能，大中型局域网一般采用层次化结构模型，即将复杂的网络分成几个层次，每个层次着重于某些特定的功能。层次化结构模型，可以更好地控制网络规模和网络性能，易于扩展，便于管理和维护。传统意义上一般将网络分成三个层次，即接入层、汇聚层和核心层，每层提供不同的功能，如图 1-13 所示。

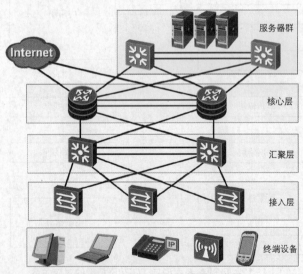

图 1-13　网络三层结构模型示意图

（1）接入层

接入层是本地设备的汇集点，通常使用多台级联交换机或堆叠交换机组网，构成一个独立的子网。接入层提供本地终端设备的网络接入服务，控制用户对网络资源的访问，如图 1-14 所示。

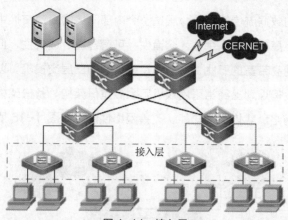

图 1-14　接入层

　　接入层的交换机多为普通百兆、千兆交换机，一般具有全线速、可堆叠及智能化的特性，可以配置百兆、千兆模块和堆叠模块，具有即插即用的特性。

　　（2）汇聚层

　　汇聚层处于核心层与接入层之间，所有接入层流量经汇聚层汇集到核心层。汇聚层主要负责接入层节点和核心层的连接，汇聚各网络、各区域的数据流量，实现网络线路之间的优化传输，如图 1-15 所示。

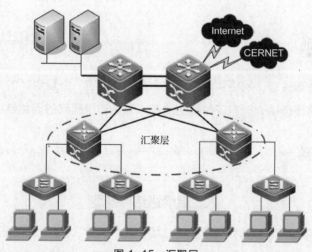

图 1-15　汇聚层

　　汇聚层主要提供路由、过滤和 WAN 接入（特指分支机构、合作伙伴等的接入，而不是Internet 接入）等。在网络规划设计上采用三层交换、三层路由及虚拟局域网（Virtual Local Area Network，VLAN）技术达到网络隔离和分段目的。在设备选型上汇聚层多选用较高速的三层交换机，以减轻核心层的路由压力，实现数据流量的负载均衡。

　　（3）核心层

　　网络的核心层就是整个网络的中心，网络中的所有流量都流向核心层，它一般位于网络顶层，负责可靠而高速的数据流传输。核心层是整个内部网络的高速交换中枢，核心层设备需要保证网络具有可靠性、高效性、冗余性、容错性、可管理性、适应性、低延时性等特征。核心层的设备选型尽量采用高带宽的万兆、十万兆及更高速的三层交换机，以保证核心交换机拥有较高性能。核心层在设备规划上经常采用双机冗余热备份架构，备份架构不仅使得整个网络更加稳定，还可以达到网络负载均衡的功能，改善网络性能，如图1-16所示。

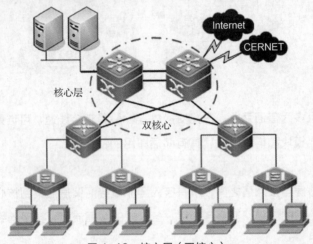

图1-16　核心层（双核心）

三、项目实施

参观学校网络管理中心、网络实训室和综合布线实训室，听取老师的讲解，认识相关网络设备，熟悉常见的网络传输介质，了解网络的基本组成和校园网的网络结构。

四、知识拓展

大二层网络结构模型

大二层网络结构基本上都是针对数据中心场景的，因为它实际上是为了解决数据中心的服务器虚拟化之后的虚拟机动态迁移这一特定需求而出现的。对于普通的园区网之类的网络而言，大二层网络结构并没有特殊的价值和意义。

由于传统的数据中心服务器利用率太低，平均只有10%~15%，浪费了大量的电力能源和机房资源，故出现了"云计算"，云计算的核心技术之一就是服务器虚拟化。服务器虚拟化是把一台物理服务器虚拟成多台逻辑服务器，这种逻辑服务器被称为虚拟机（Virtual Machine，VM）。每个虚拟机都可以独立运行，有自己的操作系统和应用程序，当然也有自己独立的MAC地址和IP地址，它们通过服务器内部的虚拟交换机（vSwitch）与外部实体网络连接。服务器虚拟化可以有效地提高服务器的利用率，减少能源消耗，降低运维成本，增加部署的灵活性，所以虚拟化技术得到了广泛的应用。

虚拟化技术从根本上改变了数据中心网络架构的需求，最重要的一点就是虚拟化技术引入了虚拟机动态迁移技术。所谓虚拟机动态迁移，就是在保证虚拟机上各种服务正常运行的同时，将一个虚拟机系统从一个物理服务器移动到另一个物理服务器的过程。该过程对于最终用户来说是觉察不到的，从而使得管理员能够在不影响用户正常使用的情况下，灵活调配服务器资源，或者对物理服务器进行维修和升级。为了保证迁移时业务不中断，就要求迁移时不仅虚拟机的 IP 地址和 MAC 地址不能变化（变化会导致业务中断），而且虚拟机的运行状态也必须保持原状，所以虚拟机的动态迁移只能在同一个二层网络（即同一个二层 VLAN 或同一广播域）中进行，而不能跨二层网络迁移，但传统的三层网络结构中使用的 VLAN+xSTP（STP 即生成树协议）技术限制了虚拟机的动态迁移范围，使虚拟机的动态迁移只能在一个较小的局部范围内进行，其应用受到了极大的限制，如图 1-17 所示。

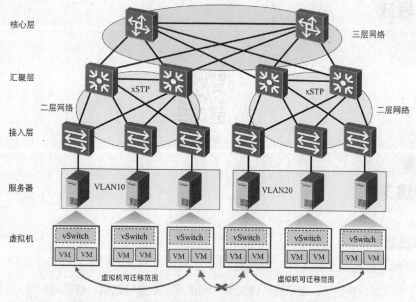

图 1-17　传统三层网络结构限制虚拟机的动态迁移范围

为了打破这种限制，实现虚拟机的大范围甚至跨地域的动态迁移，就要求把虚拟机迁移可能涉及的所有服务器都纳入到同一个二层网络中，形成一个更大范围的二层网络（即"大二层网络"），这样才能实现虚拟机的大范围无障碍迁移，如图 1-18 所示。也就是说，二层网络规模有多大，虚拟机就能迁移多远，一个真正意义上的"大二层网络"至少要能容纳 1 万台以上的主机，这就从根本上改变了传统数据中心的三层网络结构。要实现大二层网络，相关技术包括网络设备虚拟化、TRILL（多链路透明互联）/SPB（最短路径桥接）、VXLAN（虚拟扩展局域网）等。

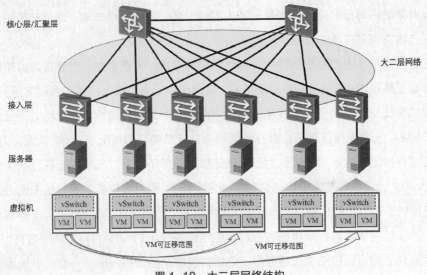

核心层/汇聚层

大二层网络

接入层

服务器

虚拟机

VM可迁移范围   VM可迁移范围

图 1-18　大二层网络结构

课程思政

课程思政

课后练习

一、单选题

1. OSI 参考模型从上往下分为哪几层？（　　　）

   A. 应用层、会话层、表示层、传输层、网络层、数据链路层、物理层

   B. 应用层、表示层、会话层、网络层、传输层、数据链路层、物理层

   C. 应用层、表示层、会话层、传输层、网络层、数据链路层、物理层

   D. 应用层、表示层、会话层、传输层、网络层、物理层、数据链路层

2. 计算机网络一般采用哪一种数据交换技术来进行通信？（　　　）

   A. 电路交换　　　　B. 报文交换　　　　C. 分组交换　　　　D. 电话交换

3. 在 OSI 参考模型中，以下哪一项是网络层的功能？（　　　）

   A. 将数据分段　　　　　　　　　　B. 确定数据包如何转发

   C. 在信道上传送比特流　　　　　　D. 建立主机之间的端到端连接

4. 在 OSI 参考模型中，哪一层实现对数据的加密？（　　　）

    A. 传输层　　　　　　B. 表示层　　　　　　C. 会话层　　　　　　D. 网络层

5. 以下哪一种设备工作在 OSI 参考模型的数据链路层？（　　　）

    A. 路由器　　　　　　B. 交换机　　　　　　C. 集线器　　　　　　D. 调制解调器

6. 调制解调器属于 OSI 参考模型哪一层的设备？（　　　）

    A. 物理层　　　　　　B. 数据链路层　　　　C. 网络层　　　　　　D. 传输层

7. 当前局域网中最常见的网络拓扑结构是以下哪一种？（　　　）

    A. 总线型拓扑结构　　B. 星状拓扑结构　　　C. 环状拓扑结构　　　D. 树状拓扑结构

8. 下列哪一个选项是 Internet 使用的核心协议？（　　　）

    A. TCP　　　　　　　B. UDP　　　　　　　C. TCP/IP　　　　　　D. IP

二、多选题

1. 数据交换技术包括以下哪几种？（　　　）

    A. 电路交换　　　　　B. 报文交换　　　　　C. 电话交换　　　　　D. 分组交换

2. 传输层的主要协议包括以下哪两种？（　　　）

    A. TCP　　　　　　　B. IP　　　　　　　　C. ICMP　　　　　　　D. UDP

3. 网络层的典型设备有哪些？（　　　）

    A. 路由器　　　　　　B. 调制解调器　　　　C. 交换机　　　　　　D. 三层交换机

4. TCP/IP 模型的网络接口层对应 OSI 参考模型的哪几层？（　　　）

    A. 物理层　　　　　　B. 数据链路层　　　　C. 网络层　　　　　　D. 传输层

5. TCP/IP 模型的应用层对应 OSI 参考模型的哪几层？（　　　）

    A. 应用层　　　　　　B. 传输层　　　　　　C. 网络层　　　　　　D. 会话层

    E. 表示层　　　　　　F. 数据链路层

6. 大中型局域网一般采用层次化结构模型，即将复杂的网络分成多个层次，通常将网络分成以下哪三个层次？（　　　）

    A. 核心层　　　　　　B. 传输层　　　　　　C. 汇聚层　　　　　　D. 接入层

    E. 物理层　　　　　　F. 数据链路层

三、简答题

1. 计算机网络按照覆盖范围可分为哪几种？各有何特点？

2. 何谓基带传输和频带传输，它们各有何特点？

3. 常见的网络拓扑结构有哪些？各有何优缺点？

4. OSI 参考模型分为哪七层？各层的主要功能是什么？

项目二
双机互连与布线

02

////// **任务一** 制作双绞线

一、任务背景描述

小明在公司有两台计算机，一台是公司配备的台式计算机，另一台为自有的笔记本电脑，他经常需要在两台计算机之间传输和共享文件。考虑到公司有制作网线的基本工具和现成材料，小明打算制作一条双绞线用来连接两台计算机。

二、相关知识

网络传输介质分为有线传输介质和无线传输介质两类。常用的有线传输介质包括同轴电缆、双绞线和光纤，同轴电缆和双绞线传输的是电信号，光纤传输的是光信号。无线传输介质通常包括红外线、蓝牙、无线电波和微波等。

1. 有线传输介质

（1）同轴电缆

同轴电缆（Coaxial Cable）共由四层组成：以单根铜线为内芯，外裹一层绝缘材料作为绝缘层，绝缘层外覆金属网作为屏蔽层，最外面是塑料封套，如图 2-1 所示。因中心铜线和网状屏蔽层排列在同一轴线上，故称为"同轴"。中心铜线传输电信号，它的粗细直接决定了信号的衰减程度和传输距离；绝缘层将中心铜线与网状屏蔽层隔开；网状屏蔽层既可以屏蔽噪声，也可以有效隔离外界电信号，同轴电缆的这种结构使得其具有抗干扰能力强、频带宽、质量稳定、可靠性高等特点，是早期以太网普遍采用的传输介质。

同轴电缆分为两种：一种为宽带同轴电缆（即视频同轴电缆），特征阻抗为 75Ω，用于模拟信号的传输，它是有线电视系统（Cable Television，CATV）使用的标准传输电缆；另一种为基带同轴电缆（即网络同轴电缆），特征阻抗为 50Ω，用于数字信号的传输。根据中心铜线的直径大小，基带同轴电缆又可以分为粗同轴电缆（粗缆）和细同轴电缆（细缆），如图 2-2 和图 2-3 所示。

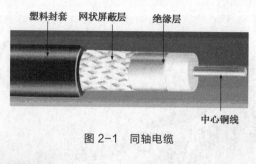

图 2-1　同轴电缆

图 2-2　粗缆

图 2-3　细缆

粗缆的直径为 1.27cm，单根最大传输距离为 500m，由于其直径较粗、强度较大、难以弯曲，因此不适合在室内狭窄的环境内铺设，又因其安装难度大，总体造价较高，所以主要用作网络的主干线路，用来连接数个由细缆所组成的网络。细缆的直径为 0.26cm，单根最大传输距离为 185m。细缆的安装相对容易，造价较低，主要用于终端设备较为集中的小型以太网。

无论是粗缆还是细缆，其拓扑结构均为总线型，即一根同轴电缆上连接多台计算机，这种结构易产生单点故障，线缆的任何地方发生故障会影响到整条同轴电缆上的所有计算机，故障的诊断和修复比较麻烦。

虽然同轴电缆的电路特性比较好，拥有较好的固有带宽，抗干扰能力也优于双绞线，但由于其造价较高，且在网络安装与维护方面比较困难，难以满足当前结构化布线系统的要求，因而在当今的局域网内同轴电缆已退出历史舞台，被双绞线和光缆所取代。

（2）双绞线

双绞线（Twisted Pair）是当今局域网使用最广泛的有线传输介质，它由两条具有绝缘保护层的铜导线彼此缠绕而成，故称为"双绞线"。两根导线绞合在一起可以降低信号干扰的程度，一条导线在传输过程中辐射出的电磁波会被另一条导线发出的电磁波所抵消。如果把一对或多对双绞线芯放在一个绝缘保护套管中便构成了双绞线电缆（一般简称为"双绞线"），现行的用于数据通信的双绞线一般由 4 对双绞线芯（即 8 条芯线）组成，每对双绞线均由不同的颜色标示，如图 2-4 所示。

双绞线可分为屏蔽双绞线（Shielded Twisted Pair，STP）和非屏蔽双绞线（Unshielded Twisted Pair，UTP），如图 2-5、图 2-6 所示。

　　屏蔽双绞线在双绞线芯与外层绝缘保护套管之间有一个金属屏蔽层，金属屏蔽层可减少辐射，防止信息被窃听，也可阻止外部电磁干扰。因此，屏蔽双绞线比非屏蔽双绞线具有更高的传输速率和更远的传输距离，但屏蔽双绞线的价格相对较高，安装也比较麻烦，主要用于周围有强干扰源的场合。

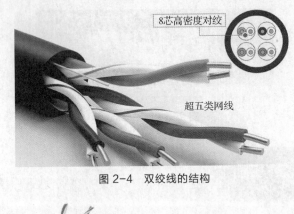

图 2-4　双绞线的结构

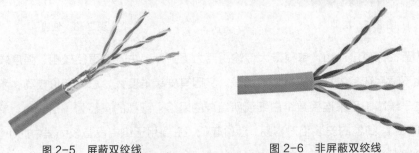

图 2-5　屏蔽双绞线　　　　　　　　图 2-6　非屏蔽双绞线

　　非屏蔽双绞线没有金属屏蔽层，传输距离、抗干扰和保密性不及屏蔽双绞线，但其直径小、成本低、重量轻、易弯曲、易安装，因此在计算机网络中，非屏蔽双绞线得到了广泛应用。

　　双绞线一般用于星状拓扑结构中，单根双绞线的最大传输距离为 100m。如果要扩大网络的范围，可在两根双绞线之间安装中继器，但最多只可以安装 4 个中继器，使网络的覆盖范围达到 500m。

　　使用双绞线连接计算机或网络设备时，双绞线的两端均需要一个水晶头。水晶头是一种标准化的电信网络接口，它提供声音和数据传输的接口，之所以称其为"水晶头"，是因为它的外表晶莹透亮。水晶头有 RJ-45 水晶头和 RJ-11 水晶头两种，它们都由 PVC 外壳、弹片、针脚等部分组成，如图 2-7 所示。计算机网络中主要使用的是 RJ-45 水晶头，RJ-11 水晶头比 RJ-45 水晶头小，主要用于连接调制解调器、电话机等设备。

　　双绞线按其电气特性可分为七类，目前在计算机网络中常用的是五类（CAT 5）、超五类（CAT 5e）及六类（CAT 6）双绞线。类型数字越大，技术越先进，带宽也越宽，当然价格也越贵。五类非屏蔽双绞线支持传输速率为 100Mbit/s 的快速以太网，超五类非屏蔽双绞线既支持 100Mbit/s 的快速以太网，也支持 1 000Mbit/s 的吉比特以太网，而六类非屏蔽双绞线支持传输速率高于 1Gbit/s 的以太网。

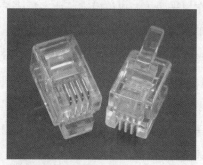

图 2-7　RJ-45 水晶头（左）与 RJ-11 水晶头（右）

　　与其他有线传输介质相比，双绞线在传输距离、信道宽度和数据传输速率等方面均受到一定的限制，但因其价格低廉、施工方便，成为当前局域网中最常用的传输介质。

（3）光纤

　　光纤（Optical Fiber）是光导纤维的简写，是一种利用光在玻璃或塑料纤维中的全反射原理而制成的光传导介质。光纤由叠成同心圆的三部分组成：内层为高折射率的纤芯，中间为低折射率的包层，外层为加强用的涂覆层，如图 2-8 所示。光纤柔软纤细，容易断裂，所以多数光纤在使用前必须由几层保护结构包覆，包覆后的线缆被称为光缆。光缆一般由缆芯、加强钢丝、填充物和护套等几部分组成，另外根据需要还有防水层、缓冲层、绝缘金属导线等构件，如图 2-9 所示。

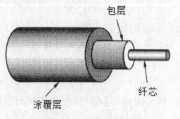

图 2-8　光纤的结构　　　　　　　　　　　图 2-9　光缆

　　根据使用的光源和传输模数的不同（所谓"模"是指以一定角速度射入光纤的一束光），光纤可以分为单模光纤和多模光纤，如图 2-10 所示。

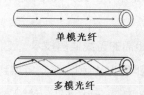

图 2-10　单模光纤与多模光纤示意图

　　单模光纤的芯径很细（一般为 8～10μm），只能传输一种模式的光，光线以直线形式沿纤芯中心轴线传播，因其损耗小、离散小，故传输频带宽、传输距离长。单模光纤采用昂贵的固体激光器作为光源体，故单模光纤比多模光纤的成本高。单模光纤支持超过 5 000m 的传输距离，通常用于建筑物之间或地域分散的环境。

多模光纤的纤芯直径为 50～100 μm，允许多种模式的光在同一根光纤上同时传输，它的芯径较粗（大约与人的头发的粗细相当），光源体为低廉的发光二极管（Light Emitting Diode，LED），因此其成本比单模光纤低。多模光纤在传输过程中的光脉冲信号经多次反射后会逐渐失真，这导致其传输速率低、距离短，一般最长可支持 2 000m 的传输距离，通常用于建筑物内部或地理位置相邻的环境。

光纤需要通过光纤接头（也称为"光纤连接器"或"光纤跳线"）才能连接到设备上，光纤接头的种类较多，常见的有 ST 型、FC 型、SC 型等，如图 2-11 所示。

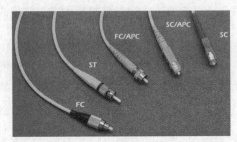

图 2-11　常见的光纤接头

与其他铜质电缆相比，光纤电磁绝缘性能好、频带宽、容量大、损耗低、重量轻、抗干扰能力强、传输质量好、保密性能强，是最理想的数据传输介质，能够适应当前网络对长距离、大容量信号传输的要求，目前在计算机网络中得到越来越广泛的应用。

2．无线传输介质

（1）红外线

红外线是不可见太阳光线中的一种，又称为红外热辐射。红外线的波长大于可见光线，波长为 0.75～1 000 μm。红外线通信成本低廉、设备体积小、重量轻、结构简单、连接方便、简单易用。此外，红外线发射角度小，传输安全性较高。红外线的缺点是不能穿透障碍物，传输距离较近（一般不超过 3m），且具有很强的方向性，一般只用于两台设备之间的近距离通信。目前广泛使用的家电遥控器几乎都是采用的红外线传输技术。

（2）蓝牙

蓝牙（Bluetooth）是一种短距离的无线通信技术，工作在 2.4GHz 的自由频段，数据传输速率最高为 1Mbit/s，一般传输距离为 10m，既支持点到点连接，又支持点到多点的连接，通常用于移动电话、PDA（掌上电脑）、无线耳机、笔记本电脑及相关外部设备等之间的无线通信。与红外线相比，蓝牙具有传输距离较远、无角度限制等优点，但其传输速率较低且成本高，误码率和保密性也不如红外线。

（3）无线电波

无线电波是指在自由空间（包括空气和真空）传播的射频频段的电磁波。当前广泛使用的无线局域网主要采用无线电波作为传输介质，无线电波的覆盖范围较广，具有较强的抗干扰与抗噪声能力。无线局域网采用 2.4GHz 和 5.8GHz 这两个开放频段的无线电波来传输数据，这两个频段没有使用授权的限制，可自由使用，也不会对人体健康造成伤害。

（4）微波

微波是指频率为 300MHz～300GHz 的电磁波，是无线电波中一个有限频带的简称，即波长在 1mm～1m 范围内的电磁波，是分米波、厘米波、毫米波的统称。微波频率比一般的无线电波频率高，通常也称为"超高频电磁波"。

微波通信通常包括地面微波通信和卫星通信。地面微波通信以直线的方式传播，各个相邻站点之间必须形成无障碍的直线连接；卫星通信适合广播数据发送，通过卫星中继站，可以将信号向多个接收节点发送。

三、任务实施

（一）任务分析

1．双绞线与水晶头的接线标准

双绞线由 8 根不同颜色的芯线分成 4 对绞合在一起，要使用双绞线来连接设备，应通过 RJ-45 水晶头插入网卡或网络设备的网口中。RJ-45 水晶头共有八个脚位（或称针脚），分别用于连接双绞线的八条芯线，从 RJ-45 水晶头的正面（金属针脚朝上而塑料弹片朝下）来看，最左边的针脚编号为 1，最右边的针脚编号为 8，如图 2-12 所示。

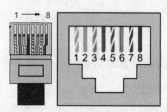

图 2-12　RJ-45 水晶头针脚编号

双绞线与水晶头的接线标准有两个：T568A 和 T568B，这两个标准的线序定义如表 2-1 所示。从表中可以看出，这两种标准的差别仅在于将 1 与 3、2 与 6 芯线顺序互相对调而已。

表 2-1　双绞线和水晶头的接线标准

接线标准	1	2	3	4	5	6	7	8
T568A	绿白	绿	橙白	蓝	蓝白	橙	棕白	棕
T568B	橙白	橙	绿白	蓝	蓝白	绿	棕白	棕

2. 直通线和交叉线

双绞线的两端都采用同一种标准，即同时采用 T568A 或 T568B（一般采用 T568B），则称为直通线或直连线，如图 2-13 所示。若一端采用 T568A，而另一端采用 T568B，则称为交叉线，如图 2-14 所示。

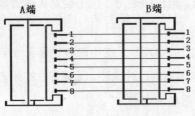

图 2-13　直通线连线示意图

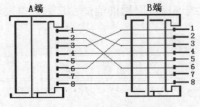

图 2-14　交叉线连线示意图

一般来说，同种设备相连使用交叉线（如计算机与计算机、交换机与交换机等），不同种设备相连使用直通线（如交换机与路由器、计算机与交换机等）。但路由器和计算机相连、集线器和交换机相连，虽为不同种设备，也需要使用交叉线。

当然，现在很多网络设备的 RJ-45 接口都具有自适应功能，连接时可不必考虑所用网线的类型，在遇到网线不匹配的情况时，设备可以自动翻转接口的线序。所以，当前的网络中一般使用直通线即可。

（二）材料和工具

（1）材料：两条五类或超五类非屏蔽双绞线、4 个 RJ-45 水晶头。

（2）工具：网线压线钳、网线测线仪。

① 网线压线钳：网线压线钳也称为网线剥线钳，它是制作双绞线的必备工具，具有剥线、剪线和压制水晶头的作用。网线压线钳的前端是压线槽，用于压制水晶头；后端是切线口，用来剥线及切线，如图 2-15 所示。

图 2-15　网线压线钳

② 网线测线仪：它是专门用来对网线进行连通性测试的工具，可以对制作好的网线进行线序及通断测试。网线测线仪分为主机端和副机端，每端各有 8 个 LED 灯及至少一个 RJ-45 接口，如图 2-16 所示。

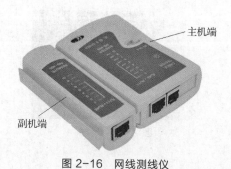

图 2-16　网线测线仪

直通双绞线的制作

（三）实施步骤

1. 制作直通线

（1）剥线

用网线压线钳把双绞线的一端剪齐，将其放入网线压线钳的切线口内，刀口距离双绞线端头约为 2cm，如图 2-17 所示。稍微握紧网线压线钳慢慢旋转一圈，让刀口划开双绞线的保护胶皮，然后将网线压线钳向外抽，剥下胶皮。剥线时应注意控制力度，不要用力过猛，否则会剪断芯线或划破其绝缘层，当然我们也可使用专门的剥线刀来剥除保护胶皮。

图 2-17　剥线

（2）理线

将剥除外皮的 4 对芯线分开、理顺，并按照 T568B 的线序依次排列，排列时应尽量避免芯线的缠绕和重叠，如图 2-18 所示。

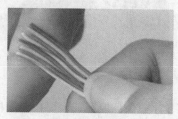

图 2-18　理线

（3）剪线

将排列好的芯线拉直、压平，并紧紧靠在一起，然后送入网线压线钳的切线口，把芯线前端裁剪整齐，剪线时应保证剩余的芯线长度在 1.2cm 左右，如图 2-19 所示。

图 2-19　剪线

（4）插线

保持整理好的线序，一只手水平握住 RJ-45 水晶头（针脚朝上、弹片朝下），另一只手缓缓用力把 8 条芯线对准 RJ-45 水晶头开口平行插入线槽内，插入时一定要确保芯线顺序不变，并顶到线槽的底部，直到在 RJ-45 水晶头另一端可以清楚地看到每根线的铜线芯为止，如图 2-20 所示。

图 2-20　插线

（5）压线

将插入双绞线的 RJ-45 水晶头放入网线压线钳的压线槽中，用力压下网线压线钳的手柄，使 RJ-45 水晶头的针脚都能接触到双绞线的芯线，若听到“咔嚓”一声，说明线已压入 RJ-45 水晶头，如图 2-21 所示。轻拉 RJ-45 水晶头与双绞线，若未出现松动现象，说明压线成功。

图 2-21　压线

至此，双绞线一端的 RJ-45 水晶头压制完成，可按照同样的方法和步骤，压制另一端的 RJ-45 水晶头。需要注意的是，对直通线而言，双绞线两端的芯线排列顺序要完全一致。

2. 制作交叉线

交叉线的制作方法与直通线类似，只是在理线的时候，双绞线一端按照 T568B 的线序进行排列，而另一端应按照 T568A 的线序进行排列。

3. 线缆测试

交叉双绞线的制作

将制作好的双绞线两端分别插入网线测线仪的主机端和副机端的 RJ-45 接口，将开关拨到"ON"或"S"挡（S 为慢速），这时两端的指示灯就依次闪烁，如图 2-22 所示。

① 直通线的测试：测试直通线时，若主机端和副机端的指示灯均按照 1~8 的顺序依次闪烁绿灯，说明直通线制作成功。

② 交叉线的测试：测试交叉线时，若一端按照 1~8 的顺序依次闪烁绿灯，而另一端按照 3、6、1、4、5、2、7、8 的顺序闪烁绿灯，则说明交叉线制作成功。

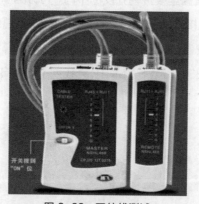

图 2-22 双绞线测试

如果 8 个指示灯全亮但不是按照上述次序闪烁，则说明双绞线芯线顺序排列错误，此时应检查一下两端的线序，然后剪掉错误端的 RJ-45 水晶头并重新制作；如果有部分指示灯不亮，说明对应的线没有导通，此时可以用网线压线钳再压一下两端的 RJ-45 水晶头，如果故障依旧，应剪掉 RJ-45 水晶头重新制作。

任务二 双机直连

一、任务背景描述

小明在公司有两台计算机，一台是台式计算机（办公室工作时使用），另一台为笔记本电脑（外出时使用），他经常需要在两台计算机之间传输和共享资料。小明手上已制作好一条双绞线，他打算使用双绞线直接插入网卡将两台计算机连接起来，以达到资源共享的目的。

二、相关知识

1. 网卡

（1）网卡的功能

网络接口卡（ Network Interface Card，NIC ）简称"网卡"，也称为"网络适配器"（ Network Adapter ），它是计算机与网络相连的硬件设备。网卡能够完成物理层和数据链路层的大部分功能，它不仅可以实现与网络电缆之间的物理连接，还可以实现帧的发送与接收、帧的封装与解封装、介质访问控制、数据的编码与解码，以及数据缓存等功能。

（2）网卡的分类

网卡的分类有多种方式。根据传输速率的不同可分为 10M 网卡、10/100M 自适应网卡、1 000M 网卡和 10G 网卡；根据连接传输介质的不同，可分为有线网卡和无线网卡；根据接口类型的不同，主要有 RJ-45 接口网卡和光纤接口网卡；根据总线类型的不同，可以分为 ISA 网卡（已淘汰）、PCI 网卡、PCI-X 网卡、PCMCIA 无线网卡（适用于笔记本电脑）、USB 无线网卡等。PCI 网卡如图 2-23 所示（ PCMCIA 无线网卡和 USB 无线网卡的图片见项目六 ）。

图 2-23　PCI 网卡

（3）网卡的物理地址（MAC 地址）

为了标识局域网中的主机，需要给每台主机上的网卡分配一个唯一的通信地址，即物理地址，也称为硬件地址或 MAC 地址。

以太网卡的 MAC 地址由 48 位二进制数（6 个字节）组成。其中，前 3 个字节（前 24 位）为 IEEE 分配给网络设备生产厂家的厂商代码，后 3 个字节（后 24 位）为厂商自行分配给网卡的编号，如图 2-24 所示。

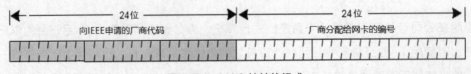

图 2-24　MAC 地址的组成

MAC 地址通常用 12 个十六进制数来表示，每两个或每 4 个十六进制数为一组，组与组之间用冒号、横线或点号隔开，常见的表示方法有多种，如 "48:5D:60:78:52:0C" "48-5D-60-78-52-0C" 或 "485D.6078.520C"。MAC 地址具有全球唯一性，网卡在出厂前，其 MAC 地址已被烧录到 ROM 中，所以一般无法更改。

一台计算机可能有多个网卡，因此也可能同时具有多个 MAC 地址。要在计算机上查看网卡的 MAC 地址，可在 "命令提示符" 窗口中输入 "ipconfig/all" 命令。

2. 常用网络测试命令

常用网络测试命令

在网络建好之后，网络是否连通、能否正常工作，还需要通过一些命令来进行测试。Windows 提供了一些测试命令，用来测试网络性能及检测网络故障。了解和掌握基本的网络测试命令将会有助于我们更快地定位网络故障，从而节省时间，提高效率。

网络测试命令需要在 "命令提示符" 窗口中执行。要在 Windows 10 操作系统中打开 "命令提示符" 窗口，可在 "开始" 菜单中依次单击 "Windows 系统" → "命令提示符"，或者按下 Windows+R 组合键，打开 "运行" 对话框，在文本框内输入 "cmd"，也可以打开 "命令提示符" 窗口，如图 2-25、图 2-26 所示。

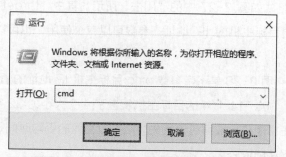

图 2-25　在 "运行" 对话框中输入 "cmd"

图 2-26　"命令提示符" 窗口

常见的网络测试命令主要有 ping、ipconfig、tracert、arp、nslookup 命令等，现分别介绍如下。

（1）ping 命令

ping 是基于 Internet 控制消息协议（Internet Control Message Protocol，ICMP）开发的命令，它是网络测试过程中最常用的命令，可用来检测主机之间的连通性和网络延迟（往返时间）。ping 命令由本机向目标主机发送多个请求应答数据包，要求目标主机收到请求后给予回应，通过对端的回应来判断本机与目标主机是否可达及延迟大小。

ping 命令有多个参数可以使用，可在"命令提示符"窗口中输入"ping/？"来查看该命令的格式、可用参数及其含义（其他命令与此类似，均可以通过"命令名/？"获取命令格式和参数），如图 2-27 所示。

```
C:\Users\LiangCheng>ping/?
用法: ping [-t] [-a] [-n count] [-1 size] [-f] [-i TTL] [-v TOS]
            [-r count] [-s count] [[-j host-list] | [-k host-list]]
            [-w timeout] [-R] [-S srcaddr] [-c compartment] [-p]
            [-4] [-6] target_name
选项:
    -t              Ping 指定的主机，直到停止。
                    若要查看统计信息并继续操作，请键入 Ctrl+Break;
                    若要停止，请键入 Ctrl+C。
    -a              将地址解析为主机名。
    -n count        要发送的回显请求数。
    -1 size         发送缓冲区大小。
    -f              在数据包中设置"不分段"标记(仅适用于 IPv4)。
    -i TTL          生存时间。
    -v TOS          服务类型(仅适用于 IPv4。该设置已被弃用,
                    对 IP 标头中的服务类型字段没有任何
                    影响)。
```

图 2-27　通过"ping/？"查看命令的格式、可用参数及其含义

ping 命令的完整格式如图 2-27 中的"用法"所示。其中，target_name 既可以是目标主机的域名，也可以是目标主机的 IP 地址。参数可以单个使用，也可以多个联合使用。ping 命令的常用参数如下。

① 不带任何参数：图 2-28 是不带参数 ping 目标主机 IP 地址的情形。从图中可以看出，本机向 IP 地址为 114.114.114.114 的目标主机发送了 4 个大小为 32 字节的数据包，4 个数据包均得到了对方的正常响应，数据包无丢失，数据包往返的平均时间是 78ms，这说明本机和目标主机可达，但网络延迟较大。

```
C:\Users\LiangCheng>ping 114.114.114.114

正在 Ping 114.114.114.114 具有 32 字节的数据:
来自 114.114.114.114 的回复: 字节=32 时间=63ms TTL=128
来自 114.114.114.114 的回复: 字节=32 时间=93ms TTL=128
来自 114.114.114.114 的回复: 字节=32 时间=94ms TTL=128
来自 114.114.114.114 的回复: 字节=32 时间=64ms TTL=128

114.114.114.114 的 Ping 统计信息:
    数据包: 已发送 = 4, 已接收 = 4, 丢失 = 0 (0% 丢失),
往返行程的估计时间(以毫秒为单位):
    最短 = 63ms, 最长 = 94ms, 平均 = 78ms
```

图 2-28　不带参数 ping 目标主机的 IP 地址

当然，我们也可以直接 ping 目标主机的域名，如图 2-29 所示。返回信息除了上述提到的是否连通、丢包率、往返时间外，还会解析出域名对应的 IP 地址（如图中域名 www.qq.com 解析出的 IP 地址是 112.53.26.232）。若无法解析域名，可能是因为本机的 DNS 服务器 IP 地址未配置、配置错误或该域名不存在。

```
C:\Users\LiangCheng>ping www.qq.com
正在 Ping https.qq.com [112.53.26.232] 具有 32 字节的数据:
来自 112.53.26.232 的回复: 字节=32 时间=37ms TTL=128
来自 112.53.26.232 的回复: 字节=32 时间=38ms TTL=128
来自 112.53.26.232 的回复: 字节=32 时间=37ms TTL=128
来自 112.53.26.232 的回复: 字节=32 时间=38ms TTL=128

112.53.26.232 的 Ping 统计信息:
    数据包: 已发送 = 4, 已接收 = 4, 丢失 = 0 (0% 丢失),
往返行程的估计时间(以毫秒为单位):
    最短 = 37ms, 最长 = 38ms, 平均 = 37ms
```

图 2-29　不带参数 ping 目标主机的域名

若两台主机无法连通，执行 ping 命令会返回"无法访问目标主机"或"请求超时"信息，如图 2-30、图 2-31 所示。从图中可以看出，本地主机向远程主机发送的 4 个数据包均无法送达，数据包全部丢失，这说明本机和远程主机之间无法连通。

```
C:\Users\LiangCheng>ping 192.168.80.100
正在 Ping 192.168.80.100 具有 32 字节的数据:
来自 192.168.80.129 的回复: 无法访问目标主机。
来自 192.168.80.129 的回复: 无法访问目标主机。
来自 192.168.80.129 的回复: 无法访问目标主机。
来自 192.168.80.129 的回复: 无法访问目标主机。

192.168.80.100 的 Ping 统计信息:
    数据包: 已发送 = 4, 已接收 = 4, 丢失 = 0 (0% 丢失),
```

图 2-30　目标主机无法访问（一）

```
C:\Users\LiangCheng>ping 141.206.221.97
正在 Ping 141.206.221.97 具有 32 字节的数据:
请求超时。
请求超时。
请求超时。
请求超时。

141.206.221.97 的 Ping 统计信息:
    数据包: 已发送 = 4, 已接收 = 0, 丢失 = 4 (100% 丢失),
```

图 2-31　目标主机无法访问（二）

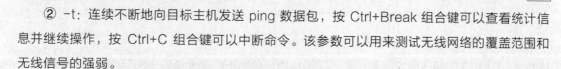

注意　　两台主机之间 ping 不通，并不意味着对方一定不存在或无法连通。最常见的一种情形是两台主机之间本来是连通的，但由于本机或目标主机上安装了杀毒软件或启用了防火墙，其默认设置会过滤掉 ICMP（ping）数据包，这也会提示"无法访问目标主机"或"请求超时"信息。

② -t：连续不断地向目标主机发送 ping 数据包，按 Ctrl+Break 组合键可以查看统计信息并继续操作，按 Ctrl+C 组合键可以中断命令。该参数可以用来测试无线网络的覆盖范围和无线信号的强弱。

③ -n count：定义向目标主机发送的 ping 测试数据包的个数，默认值是 4。

（2）ipconfig 命令

ipconfig 命令可显示本机的网卡配置信息，它有多个参数可选。若不加任何参数，则只显示网卡的 IP 地址/子网掩码、默认网关等基本信息，如图 2-32 所示。

```
C:\Users\LiangCheng>ipconfig
Windows IP 配置
以太网适配器 Ethernet0:
    连接特定的 DNS 后缀 . . . . . . . : localdomain
    本地链接 IPv6 地址. . . . . . . . : fe80::41d9:3350:cb42:4b08%3
    IPv4 地址 . . . . . . . . . . . . : 192.168.80.129
    子网掩码  . . . . . . . . . . . . : 255.255.255.0
    默认网关. . . . . . . . . . . . . : 192.168.80.2
```

图 2-32 不带参数的 ipconfig 命令

ipconfig 命令的常用参数有以下 3 个。

① /all：显示网卡的完整 TCP/IP 配置信息，包括 MAC 地址、IP 地址/子网掩码、默认网关、DNS 服务器、DHCP 信息等，如图 2-33 所示。

```
C:\Users\LiangCheng>ipconfig/all
以太网适配器 Ethernet0:
    连接特定的 DNS 后缀 . . . . . . . : localdomain
    描述. . . . . . . . . . . . . . . : Intel(R) 82574L Gigabit Network Connection
    物理地址. . . . . . . . . . . . . : 00-0C-29-78-4A-99
    DHCP 已启用 . . . . . . . . . . . : 是
    自动配置已启用. . . . . . . . . . : 是
    本地链接 IPv6 地址. . . . . . . . : fe80::41d9:3350:cb42:4b08%3(首选)
    IPv4 地址 . . . . . . . . . . . . : 192.168.80.129(首选)
    子网掩码  . . . . . . . . . . . . : 255.255.255.0
    获得租约的时间. . . . . . . . . . : 2020年11月6日 19:07:45
    租约过期的时间. . . . . . . . . . : 2020年11月6日 19:52:44
    默认网关. . . . . . . . . . . . . : 192.168.80.2
    DHCP 服务器 . . . . . . . . . . . : 192.168.80.254
    DHCPv6 IAID . . . . . . . . . . . : 50334761
    DHCPv6 客户端 DUID . . . . . . . . : 00-01-00-01-26-F0-81-EE-00-0C-29-78-4A-99
    DNS 服务器 . . . . . . . . . . . . : 192.168.80.2
    主 WINS 服务器 . . . . . . . . . . : 192.168.80.2
    TCPIP 上的 NetBIOS . . . . . . . . : 已启用
```

图 2-33 ipconfig/all 命令

② /renew：更新网卡的 IP 地址，该参数只能在主机启用了"自动获得 IP 地址"（即作为 DHCP 客户端）时才有效。大多数情况下，网卡重新获取的 IP 地址会和以前的 IP 地址相同。

③ /release：释放网卡的 IP 地址，该参数也只能在主机启用了"自动获得 IP 地址"时才有效。网卡释放 IP 地址后，其 IP 地址被置为"0.0.0.0"，表示网卡无 IP 地址。

（3）tracert 命令

tracert 命令用来跟踪数据包从源主机到目标主机所经过的中间路由器，并显示往返每个路由器的时间。与 ping 命令类似，tracert 命令通过向目标主机发送具有不同生存时间（Time To Live，TTL）的 ICMP 请求应答报文，以确定到达目标主机要经过的中间节点。

Tracert 命令有多个可选参数，但常常使用的是不带任何参数的形式，其语法格式是 tracert target_name，target_name 是目标主机的域名或 IP 地址，如图 2-34 所示。从图中可以看出，本机的默认网关为 192.168.80.2（第一台路由器），从本机到目标主机 www.baidu.com（183.232.231.174）中间经过了 11 个路由器，"*"表示该路由器未应答，请求超时。

```
C:\Users\LiangCheng>tracert www.baidu.com

通过最多 30 个跃点跟踪
到 www.baidu.com [183.232.231.174] 的路由:

  1    <1 毫秒    <1 毫秒    <1 毫秒  192.168.80.2
  2     5 ms      3 ms      3 ms   liangcheng.com [192.168.124.1]
  3     4 ms      3 ms      3 ms   192.168.1.1
  4     7 ms      6 ms      8 ms   10.70.0.1
  5    12 ms     77 ms     12 ms   183.224.67.189
  6     *         *        10 ms   221.183.49.69
  7     *         *         *      请求超时。
  8    33 ms     32 ms     33 ms   221.183.59.158
  9    32 ms     32 ms     34 ms   120.241.49.46
 10     *         *         *      请求超时。
 11     *         *         *      请求超时。
 12    54 ms     99 ms     96 ms   183.232.231.174

跟踪完成。
```

图 2-34   tracert 命令

（4）arp

arp（Address Resolution Protocol，地址解析协议）是根据目标 IP 地址来获取目标 MAC 地址的一个 TCP/IP 协议。主机发送数据包时，需要同时知道目标主机的 IP 地址和 MAC 地址，若不知道 MAC 地址，便会将包含目标 IP 地址的 arp 请求广播到同一网络的所有主机上，并接收返回消息，以此获取目标主机的 MAC 地址；收到返回消息后将 IP 地址与 MAC 地址的对应关系存入本机 arp 缓存中并保留一定时间，下次发送数据包时可以直接查询 arp 缓存以节约资源。arp 命令最常用的一个参数是-a，通过该参数可以查看 arp 缓存表中的所有条目，如图 2-35 所示。"arp -d"可以清空 arp 缓存表（需具有管理员权限）。

```
C:\Users\LIANGCHENG>arp -a
接口: 192.168.124.21 --- 0x18
  Internet 地址          物理地址              类型
  192.168.124.1        70-3d-15-67-8f-33     动态
  192.168.124.255      ff-ff-ff-ff-ff-ff     静态
  224.0.0.22           01-00-5e-00-00-16     静态
  224.0.0.251          01-00-5e-00-00-fb     静态
  224.0.0.252          01-00-5e-00-00-fc     静态
  239.255.255.250      01-00-5e-7f-ff-fa     静态
```

图 2-35   arp 命令

（5）nslookup

nslookup 命令用于解析域名，可以用它来测试网络中的 DNS 服务器能否正确解析域名，如图 2-36 所示。从图中可以看出，本机的 DNS 服务器 IP 地址是 114.114.114.114，它成功地解析出域名 www.taobao.com，其对应的 IPv4 地址是 111.63.56.218 和 111.63.56.217。

若本机的 DNS 服务器 IP 地址配置错误、输入的域名不存在或 DNS 服务器自身故障，则会显示图 2-37 所示的无法解析域名的提示。

```
C:\Users\LIANGCHENG>nslookup www.taobao.com
服务器:  public1.114dns.com
Address:  114.114.114.114

非权威应答:
名称:     www.taobao.com.danuoyi.tbcache.com
Addresses:  2409:8c0c:310:600:3::3fa
            2409:8c0c:310:600:3::3f9
            111.63.56.218
            111.63.56.217
Aliases:  www.taobao.com
```

图 2-36　nslookup 命令解析域名成功

```
C:\Users\LIANGCHENG>nslookup www.1iang.com
服务器:  public1.114dns.com
Address:  114.114.114.114

DNS request timed out.
        timeout was 2 seconds.
DNS request timed out.
        timeout was 2 seconds.
*** public1.114dns.com 找不到 www.1iang.com: Server failed
```

图 2-37　nslookup 命令无法解析域名

三、任务实施

（一）任务分析

　　要把两台计算机直接连接起来，可以选用双绞线、同轴电缆、USB 线缆、串行或并行电缆等有线传输介质，也可以选用无线电波、蓝牙、红外线等无线传输介质。若采用无线传输，并非所有笔记本电脑都具有蓝牙或红外线功能，且这两种传输方式的速率都很慢，而采用无线电波（Wi-Fi）作为传输介质的话，因台式计算机一般没有无线网卡，故需要另行配备无线网卡。若采用有线传输，同轴电缆、USB 线缆、串行或并行电缆等连接方式目前都不常用，这些连接方式传输速率低且需要另行购买或制作相应的线缆。

　　无论台式计算机还是笔记本电脑，有线网卡是所有计算机的标准配置，故可以使用双绞线连接网卡来进行两台计算机之间的通信。双绞线价格低廉、性能稳定，线缆制作方便，连接的速度可以达到 100Mbit/s 甚至更高，所以本次采用双绞线来进行双机直连。

（二）网络拓扑结构

　　双机直连的拓扑结构如图 2-38 所示。

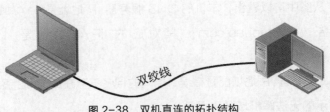

图 2-38　双机直连的拓扑结构

（三）设备

（1）安装 Windows 10 操作系统的笔记本电脑或台式计算机 2 台。

> **注意** 本任务以 Windows 10 操作系统教育版（版本号 1909）为例来演示实施步骤，若使用的是 Windows 10 操作系统的其他版本或虽然是同一版本但版本号不同，其操作步骤和设置界面可能会有一些差异。

（2）双绞线 1 条（直通线或交叉线均可）。

（四）实施步骤

在连线之前，请首先使用网线测线仪对准备好的双绞线进行测试，以保证其连通良好且线序正确。

配置双机直连

1. 连接计算机

把双绞线的两端分别插入两台 PC 的网卡的 RJ-45 接口。连接完成后双绞线两端网卡的指示灯均会亮起，如果不亮表示没有连通，有可能是 RJ-45 水晶头没有插好或网卡本身有问题。

2. 配置 IP 地址

分别在两台计算机上执行以下操作。

在桌面任务栏右下角的网络连接图标上右击，单击"打开网络和 Internet 设置"选项，如图 2-39 所示。

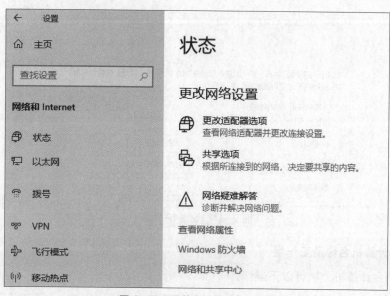

图 2-39　网络和 Internet 设置

单击右侧的"更改适配器选项"，打开"网络连接"窗口，在网卡"Ethernet0"上右击，在弹出的快捷菜单中选择"属性"，如图 2-40 所示。

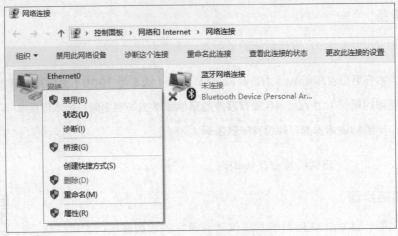

图 2-40 "网络连接"窗口

在打开的"属性"窗口中，双击"Internet 协议版本 4（TCP/IPv4）"选项，设置本机的 IP 地址，如图 2-41 所示。若要手动配置 IP 地址，可选中"使用下面的 IP 地址"单选项，并输入 IP 地址和子网掩码（默认网关和 DNS 服务器可不设置），单击"确定"按钮完成 IP 地址的配置。

 注意 两台计算机的 IP 地址必须在同一网段但不能相同。

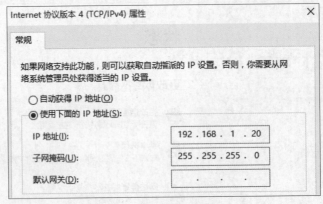

图 2-41 设置 IP 地址

3. 修改计算机名称及工作组

分别在两台计算机上执行以下操作。

在桌面"此电脑"图标上右击，在弹出的快捷菜单中选择"属性"，打开"系统"窗口，在窗口中下部的"计算机名、域和工作组设置"栏中可以看到本计算机的名称及所属工作组，如图 2-42 所示。

图 2-42　计算机的名称和所属工作组

若要修改计算机的名称和所属工作组，可单击"更改设置"打开"系统属性"窗口，在"计算机名"选项卡下也可以看到当前计算机的名称和工作组。单击窗口中的"更改"按钮，在弹出的"计算机名/域更改"窗口中输入计算机的新名称和工作组名称，如图 2-43 所示。单击"确定"按钮完成更改。

图 2-43　更改计算机名称和工作组

注意　若要同一局域网内的两台计算机能够互相访问，应确保它们的计算机名称不重复，工作组名称一般应该相同。做了上述修改之后还必须重启计算机，新的计算机名称方能生效。

4.测试连通性

在其中一台计算机上打开"命令提示符"窗口，在命令行中 ping 对方的 IP 地址，根据响应情况，判断两台 PC 之间是否连通。若无法 ping 通，可以先关闭双方的杀毒软件和防火墙再来测试。

在 Windows 10 操作系统中关闭防火墙的方法：双击桌面上的"控制面板"图标（或在"开

始"菜单中依次单击"Windows 系统"→"控制面板"），在"控制面板"窗口中依次单击"系统和安全"→"Windows Defender 防火墙"，打开防火墙设置窗口，单击左侧的"启用或关闭 Windows Defender 防火墙"选项，在弹出的"自定义设置"窗口中将"专用网络设置"和"公用网络设置"下的防火墙关闭，如图 2-44 所示。

图 2-44　关闭防火墙

5. 双机互相访问

（1）开启"网络发现"及"文件和打印机共享"功能

要使得两台计算机能够互访，还应该在各自的计算机上开启"网络发现"及"文件和打印机共享"功能。

在桌面任务栏右下角的网络连接图标上右击，选择"打开网络和 Internet 设置"选项，在图 2-39 所示窗口中单击"网络和共享中心"选项，打开"网络和共享中心"窗口，如图 2-45 所示。

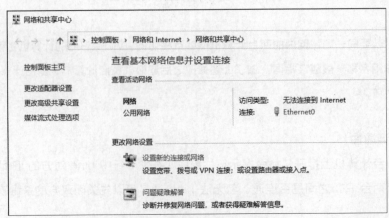

图 2-45　"网络和共享中心"窗口

单击左侧的"更改高级共享设置"选项，启用"网络发现"和"文件和打印机共享"功能，如图 2-46 所示。只有启用了"网络发现"功能，本机才能找到网络上的其他计算机，同时自身也才能被其他计算机找到；启用了"文件和打印机共享"功能，才能在计算机之间进行文件及打印机共享。

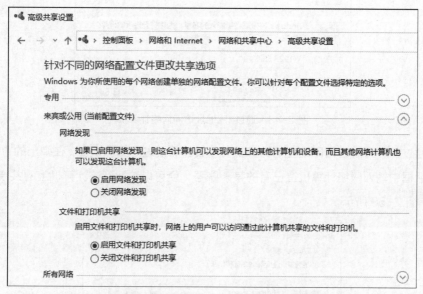

图 2-46 启用"网络发现"及"文件和打印机共享"功能

（2）互相访问

访问网络中的计算机，可通过以下两种方式。

① 双击桌面上的"网络"图标（或打开"文件资源管理器"，单击左侧栏的"网络"选项），可以看到同一网络中的所有计算机，如图 2-47 所示。双击相应的计算机名称，便可以访问网络上的计算机。

图 2-47 通过"网络"访问网络计算机

② 按 Windows+R 组合键，打开"运行"对话框，在文本框内输入"\\IP 地址"或"\\计算机名称"，便可以访问网络上的计算机，如图 2-48 所示。

> **注意** 此处输入的是对端计算机的 IP 地址或计算机名称，一定要加上双斜杠，表示要访问的计算机是网络上的主机。

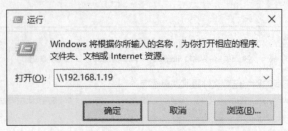

图 2-48　通过 IP 地址访问网络计算机

无论通过何种方式访问网络上的计算机，一般都需要进行身份认证，在弹出的"Windows 安全"对话框中输入网络计算机上已有的某一账号，便可以访问到该计算机上的共享资源，如图 2-49、图 2-50 所示。

图 2-49　访问网络计算机需进行身份认证

图 2-50　成功访问到网络计算机

任务三　安装信息插座

一、任务背景描述

公司办公室墙壁上的网络信息插座损坏已久，连接在信息插座上的无线路由器无法访问外网，导致整个公司的计算机均不能上网。作为网络管理员的小明需要重新安装信息插座，以确保所有计算机能够连接至网络中。

二、相关知识

1. 综合布线系统概述

综合布线是一种模块化、灵活性极高的建筑物内或建筑物之间的信息传输通道构建技术。它可以使语音设备、数据设备、交换设备及各种控制设备与信息管理系统连接起来，同时也可以使这些设备连接到外部网络。

综合布线的发展与建筑物自动化系统的发展密切相关。在传统布线的应用中，电话线路、电源线路、网络线路等系统都是各自独立的，各系统分别由不同的厂商设计和安装，使用不同的系统就需要铺设不同的线缆并采用不同的终端插座，而连接这些不同系统的插头、插座及配线架均不能互相兼容。更换布局或设备时，线路也必须随之更换，而办公布局及环境改变的情况是经常发生的，这就使得建筑物内的布线系统非常混乱，维护与改造也十分困难。随着信息化技术的深入发展，人们对信息共享的需求日趋迫切，这就需要一个适合信息时代的布线方案。

美国电话电报公司下属的贝尔实验室的专家们经过多年的研究，于 20 世纪 80 年代末期率先推出规整化布线系统（Premises Distribution System，PDS），后来发展成为结构化布线系统（Structured Cabling System，SCS），我国的国家标准《综合布线系统工程设计规范》（GB 50311—2016）将其命名为综合布线系统（Generic Cabling System，GCS）。

综合布线系统是智能化建筑中必备的基础设施，它采用了一系列高质量的标准材料，以模块化的组合方式，把语音、数据、图像、多媒体和部分控制信号的布线网络组合在一套标准的布线系统上。它以一套由共用配件所组成的单一配线系统，将不同厂家制造的各类设备综合在一起，使得设备之间相互兼容，同时工作，实现通信网络、信息网络及控制网络间信号的互联互通。与传统布线系统相比较，综合布线系统有着许多优越性，其特点主要是具有兼容性、开放性、灵活性、可靠性、先进性和经济性，而且在设计、施工和维护方面也给人们带来了许多方便。

综合布线系统由不同系列和规格的各类部件组成，主要包括传输介质、相关连接硬件（如配线架、连接器、插座、插头、适配器）及电气保护设备等。根据不同的功能，综合布线系统可以分为 6 个子系统：建筑群子系统、设备间子系统、管理子系统、水平子系统、垂直干线子系统和工作区（终端）子系统。

网络综合布线系统中的主要布线材料是网络线缆，包括双绞线、光缆等。为了保护线路，保证布线场所的整齐美观，并便于后期的运行与维护，综合布线系统还会用到一些配件，如配线架、信息插座、跳线、机柜及机架、线槽、管道与桥架、整理工具等。

2．信息插座

信息插座用于水平子系统中，其功能是为接入网络的终端设备提供接口。信息插座是一个中间连接器，通过它把从墙壁内或地板下引出的网线与外部网线相连，从而将网络设备或终端连接至网络中，如图 2-51 所示。

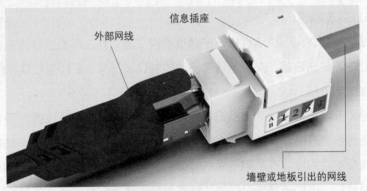

图 2-51　信息插座

为了保证网络线路的安全稳定及室内环境的整齐美观，双绞线等传输介质一般是通过 PVC 线管埋设在墙壁、暗装在地板（或天花板）中，仅从墙壁或地板某处伸出，然后使用信息插座来实现与终端设备的连接。无论是大中型网络的综合布线，还是小型办公网络或家庭网络的组建，都会涉及信息插座的安装。借助于信息插座，布线系统不仅变得更加规范和灵活，而且也更加美观与方便，同时不会影响房间原有的布局和风格。

信息插座一般是安装在墙面上的，也有安装在地面和桌面的，既有单口的，也有双口、多口的，如图 2-52、图 2-53、图 2-54 所示。

图 2-52　安装在墙面上的信息插座

图 2-53　单口信息插座

图 2-54　双口信息插座

信息插座由信息模块、面板和底盒三部分组成。其中：信息模块是核心，连接双绞线与信息插座实际上是连接双绞线与信息模块；面板用于在网线出口位置安装固定信息模块；底盒用于固定面板。

（1）信息模块

信息模块多种多样，不同厂商的信息模块的接线结构和外观也不一致，常用的信息模块一般为 RJ-45 信息模块，使用五类以上双绞线连接。RJ-45 信息模块根据连接双绞线类型的不同，可以分为五类/超五类/六类/超六类信息模块、屏蔽/非屏蔽信息模块等；根据端接双绞线方式的不同，信息模块可以分为打线式信息模块和免打线式信息模块。打线式信息模块需要使用专门的打线工具将双绞线的 8 条芯线压到信息模块的接线槽内，如图 2-55 所示。免打线式信息模块只需要使用打线块（压线盖）将双绞线芯线压到信息模块的接线槽内，无须打线工具，徒手便可完成安装，如图 2-56 所示。目前市场上流行的是免打线式信息模块。

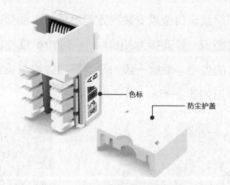

图 2-55　打线式信息模块

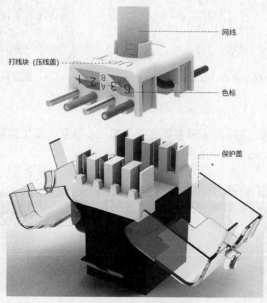

图 2-56　免打线式信息模块

无论是哪一种信息模块，都支持 T568A 和 T568B 两种线序标准，按照信息模块上色标所标示的编号和颜色，分别将 8 条芯线压入接线槽内，便可以制作相应线序的信息模块，如图 2-57 所示。

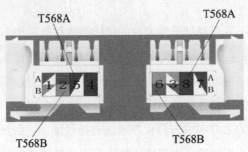

图 2-57　信息模块上的色标

（2）面板

信息插座的面板用于在网线出口位置安装固定信息模块。面板样式有英式、美式和欧式 3 种，国内普遍采用的是英式面板，该面板为 86mm×86mm 规格的正方形，常见的有单口、双口型号，也有三口或四口的型号。面板一般为平面插口，也有设计成斜口插口的。墙面型信息插座面板的正面及背面外形如图 2-58、图 2-59 所示。

图 2-58　信息插座的面板（正面）

图 2-59　信息插座的面板（背面）

（3）底盒

当信息插座安装在墙上时，面板需要固定在底盒上。底盒一般是塑料材质（也有金属材料），底盒的外形如图 2-60 所示。

图 2-60　信息插座的底盒

底盒一般有单底盒和双底盒两种，一个底盒安装一个面板，且底盒的大小必须与面板匹配。底盒有明盒和暗盒两种，明盒安装在墙面上，暗盒预埋在墙体内。底盒内有固定面板用的螺孔，可以使用螺钉将面板固定在底盒上。底盒都预留了穿线孔，有的底盒在多个方向上预留有穿线位，安装时凿穿与线管对应的穿线位即可。

三、任务实施

（一）任务分析

连接信息模块的要求如下。

① 剥除的保护套长度适中（一般约为 3cm），同时为了尽量保持线对的扭绞状态不变化，五类双绞线的非扭绞状态长度不应大于 13mm。

② 按统一色标、线对组合和排列顺序连接双绞线和信息模块，连接后剪去多余的线头。

③ 双绞线卡接时用力适中，避免损伤接线模块。双绞线连接后，应做连通性测试。

④ T568A 和 T568B 两种线序标准都可以使用，但在同一个布线工程中，两者不应混合使用，一般使用 T568B。

（二）材料和工具

（1）材料：一条五类或超五类非屏蔽双绞线、一个 RJ-45 信息插座。

（2）工具：剥线刀（打线刀）、打线钳（可选）、斜口钳。

① 剥线刀

剥线既可以使用剥线刀，也可以使用网线压线钳，它们都可以剥掉双绞线外部的绝缘层（保护套）。但剥线刀剥皮比网线压线钳快，而且比较安全可靠，一般不会损伤到包裹芯线的绝缘层。市面上的简易剥线刀通常也具有打线功能，故也可以称之为打线刀，如图 2-61 所示。

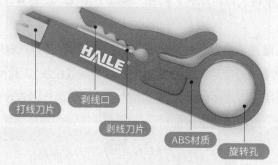

图 2-61　剥线刀

② 打线钳

要把墙壁内部的双绞线与信息模块连接起来，需要把双绞线的 8 条芯线按规定卡入信息模块的对应线槽内。双绞线的卡入需要使用一种专门的卡线工具，称之为"打线钳"，它用于将双绞线芯线压接到信息模块上。打线钳由手柄和刀具组成，它具有打线和裁线功能，如图 2-62 所示。

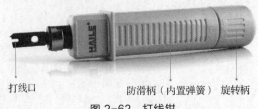

打线口　　　　　防滑柄（内置弹簧）旋转柄

图 2-62　打线钳

③ 斜口钳

斜口钳用于剪掉多余的双绞线芯线，如图 2-63 所示。当然，剪线也可以直接使用剪刀。

图 2-63　斜口钳

免打线信息插座的制作

（三）实施步骤

由于市场上流行的多是免打线式信息模块，故此处仅介绍免打线式 RJ-45 信息模块的安装。安装免打线式信息模块无须使用打线钳。

> **注意**　因市场上的免打线式信息模块各种各样，故各个品牌和厂家的免打线式信息模块的安装过程可能与此处介绍的内容会有较大差异。

安装免打线式信息模块大致可以分为剥线、插线、压线、固定 4 个步骤。

（1）剥线

将双绞线从墙上的暗盒（底盒）中抽出来，取出信息模块的打线块（压线盖），将双绞线穿过打线块，如图 2-64 所示。使用剥线刀的剥线刀口剥除双绞线约 3cm 的保护套，如图 2-65 所示。剥线刀的使用方法：将双绞线放入剥线刀的适当刀口内，以双绞线为中心将剥线刀旋转一周，然后松开剥线刀，将保护套拿掉即可。

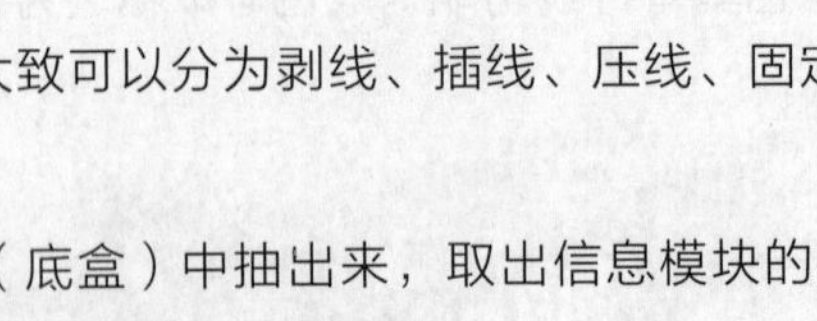

图 2-64　双绞线穿过打线块

图 2-65　剥线

（2）插线

　　把剥开的双绞线芯线按线对分开，按照 T568B（或 T568A）的线序顺序排列好芯线，然后按照打线块上色标所指示的线序，用力将芯线一一插入打线块的对应线槽内，使用斜口钳减掉多余的线头，如图 2-66、图 2-67 所示。

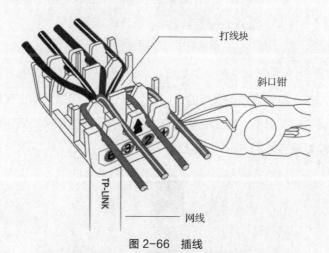

图 2-66　插线

图 2-67　插好线的打线块

（3）压线

　　将打线块沿图 2-68 中箭头方向放入信息模块内并用力压紧，然后扣紧两边的保护盖，如图 2-69 所示。合上保护盖的时候能够听到清脆的锁止声。

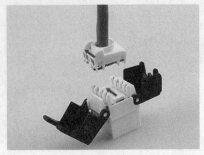

图 2-68　压线

图 2-69　合上保护盖

（4）固定

最后将压好线的信息模块安装到面板的卡口中，再将面板用螺钉固定在底盒上并盖上遮罩板，如图 2-70 和图 2-71 所示，至此信息插座安装完毕。当信息模块固定到面板后，推开面板的滑动窗口，应能看到完整的 RJ-45 接口。

图 2-70　将信息模块安装到面板上

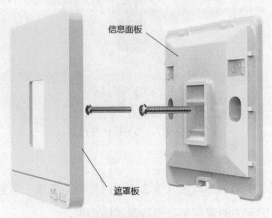

图 2-71　用螺钉固定面板并盖上遮罩板

课程思政

课程思政

课后练习

一、单选题

1. 两台计算机通过网卡直接相连，需要使用哪一种线缆？（　　）

　　A. 屏蔽双绞线　　　　B. 非屏蔽双绞线　　　C. 交叉线　　　　　　D. 直通线

2. 局域网中最常用的有线传输介质是以下哪一种？（　　）

　　A. 粗缆　　　　　　　B. 细缆　　　　　　　C. 非屏蔽双绞线　　　D. 屏蔽双绞线

3. 制作双绞线的 T568B 线序标准是以下哪一项？（　　）

　　A. 橙白、橙、绿白、绿、蓝白、蓝、棕白、棕

　　B. 橙白、橙、绿白、蓝、蓝白、绿、棕白、棕

　　C. 绿白、绿、橙白、蓝、蓝白、橙、棕白、棕

　　D. 橙白、蓝、绿白、橙、蓝白、绿、棕白、棕

4. 当前发展最为迅速和最有前景的有线传输介质是以下哪一种？（　　）

　　A. 同轴电缆　　　　　B. 屏蔽双绞线　　　　C. 光纤　　　　　　　D. 非屏蔽双绞线

5. 常用来测试网络连通性的命令是以下哪一个？（　　）

　　A. ipconfig　　　　　B. tracert　　　　　　C. arp　　　　　　　　D. ping

6. 要查看计算机网络配置的详细信息，应该使用以下哪一个命令？（　　）

　　A. ipconfig　　　　　B. tracert　　　　　　C. arp　　　　　　　　D. ipconfig/all

7. 要查看本机网卡的 MAC 地址，应该使用以下哪一个命令？（　　）

　　A. ping　　　　　　　B. tracert　　　　　　C. ipconfig　　　　　D. ipconfig/all

8. 测试 DNS 服务器能否解析域名，应该使用以下哪一个命令？（　　）

　　A. ping　　　　　　　B. nslookup　　　　　C. arp　　　　　　　　D. tracert

二、多选题

1. 一般说来，同种设备相连和异种设备相连，应分别使用以下哪种双绞线？（　　）

　　A. 屏蔽双绞线　　　　B. 直通线　　　　　　C. 非屏蔽双绞线　　　D. 交叉线

2. 光纤的分类方式有很多种，如按光在光纤中的传输模式可分为哪两种？（　　　）

    A. 单模光纤　　　　　B. 多模光纤　　　　　C. 突变性光纤　　　　　D. 渐变性光纤

3. 下列有关光纤的说法哪些是正确的？（　　　）

    A. 多模光纤可传输不同波长不同入射角度的光

    B. 多模光纤的成本比单模光纤低

    C. 采用多模光纤时，信号的最大传输距离比单模光纤长

    D. 多模光纤的纤芯较细

4. 无线传输介质包括以下哪些？（　　　）

    A. 微波　　　　　　　B. 红外线　　　　　　C. 无线电波　　　　　D. 蓝牙

5. 下列 MAC 地址的表示方式中，哪些是正确的？（　　　）

    A. 15:AD:F0:00:E1:B5　　　　　　　　　　B. 69FF.AB90.02BA

    C. 10-21-DA-F8-FF-8B　　　　　　　　　D. 5B:09:2C: AH: 00: FG

6. 下列有关网卡 MAC 地址的说法中，哪些是正确的？（　　　）

    A. 以太网用 MAC 地址来唯一标识一台主机

    B. MAC 地址也称为物理地址或硬件地址，可以很方便地修改

    C. MAC 地址固化在网卡的 ROM 中，通常情况下无法更改

    D. MAC 地址由 32 位二进制数组成，通常用 12 个十六进制数来表示

    E. 网卡的 MAC 地址由厂商代码和网卡编号两部分组成

7. 信息插座一般由哪几部分组成？（　　　）

    A. 信息模块　　　　　B. 面板　　　　　　　C. 线缆　　　　　　　D. 底盒

8. 关于信息插座的说法中，哪些是正确的？（　　　）

    A. 信息插座的功能是为接入网络的终端设备提供接口

    B. 信息插座由信息模块和面板组成

    C. 根据端接双绞线的方式，信息模块可以分为打线式信息模块和免打线式信息模块

    D. 根据安装位置的不同，信息插座可以分为墙面型、地面型和桌面型信息插座

三、简答题

1. 同轴电缆、双绞线、光纤三种有线传输介质各有何特点？

2. 双绞线的两种线序标准是怎样排列的？

3. 交叉线和直通线各适用何种场合？

4. 网络测试命令 ping、ipconfig、tracert、arp、nslookup 各有何作用？

项目三
组建简单的局域网

03

一、任务背景描述

小明是某小型公司的网络管理员，公司员工通过台式计算机或笔记本电脑进行办公，他希望将所有员工的计算机连接起来组成一个局域网，以便彼此可以共享资源，互相传输文件或聊天交流等。为此，小明需要选购相关硬件设备，并将公司所有的计算机连接至同一网络中，使得彼此能够互相通信。

二、相关知识

（一）局域网概述

1. 局域网的概念

局域网是指在一个较小范围内通过网络设备（如路由器、交换机、防火墙等）将计算机、服务器、外部设备等通过传输介质互相连接起来组成的通信网络，如图 3-1 所示。

在相关网络软硬件的支持下，用户可以实现数据通信和资源共享，如文件与数据库共享、软件与硬件共享、信息传递、电子邮件和聊天等。局域网一般是由某个单位或组织自行管理的网络，它的分布范围可大可小，既可以由办公室内的两台计算机组成，也可以由一个单位的成千上万台计算机组成。

2. 局域网的特点

局域网通常由一个单位或组织自行建设和拥有，其主要特点如下。

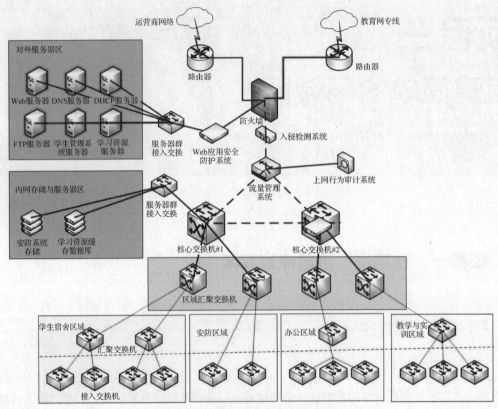

图 3-1　某高校校园局域网示意图

① 地理分布范围较小（一般是方圆几平方千米以内），只在一个相对独立的局部范围内联网，如一幢大楼、一所学校、一家企业或一个园区。

② 铺设专门的传输介质进行连接，信号传输距离相对较短，数据传输速率高（可达 100Gbit/s）。

③ 通信延迟时间短，传输质量好，可靠性较高，误码率低。

④ 可以支持多种传输介质，如双绞线、光纤和无线电波等。

⑤ 与广域网相比，局域网管理方便，结构灵活，网络建设、维护及扩展等比较容易。

3. 局域网的分类

局域网的分类方式有多种，一般可按拓扑结构、传输介质、传输介质访问控制方法、传输速率、信息交换方式等进行分类。

① 按拓扑结构分类：可分为总线型局域网、环状局域网、星状局域网和混合型局域网等，其中星状局域网是当前最常用的一种局域网。

② 按传输介质分类：可分为有线局域网和无线局域网。有线局域网常用的传输介质有同轴电缆、双绞线、光纤等，其中双绞线是目前局域网最常用的有线传输介质。无线局域网的传输介质有微波、红外线、蓝牙、无线电波等，当前蓬勃发展的无线局域网采用的是无线电波。

③ 按传输介质访问控制方法分类：传输介质访问控制方法是局域网中多台设备同时对传输介质访问时如何进行协调管理的方法。根据不同的传输介质访问控制方法，局域网可分为以太网（Ethernet）、FDDI 网、ATM 网、令牌环网等，其中应用最广泛的当属以太网。

④ 其他分类方法：按数据的传输速率可分为 10Mbit/s 局域网、100Mbit/s 局域网、1Gbit/s 局域网、10Gbit/s 局域网等；按信息的交换方式可分为交换式局域网、共享式局域网等。

4．局域网的组网模式

（1）对等网模式

对等网模式也称为工作组模式，是最简单的组网模式。在对等网模式中，计算机数量较少，网络中没有专门的服务器，计算机之间地位平等，无主从之分，每台计算机既可以作为服务器也可以作为客户机，如图 3-2 所示。

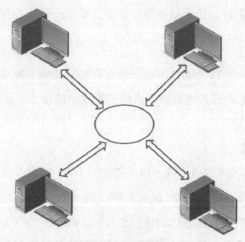

图 3-2　对等网模式

采用对等网模式组建的网络称为对等网。对等网一般适用于家庭和小型办公室等对安全性要求不高的环境，它具有以下特点。

① 对等网中的计算机数量比较少，也不需要专门的服务器来做网络支持，因而结构简单、组网成本低，网络建设和维护比较简单。

② 对等网分布范围比较小，通常在一间办公室或一个家庭内。

③ 对等网的资源管理分散，每台计算机自行管理自身的数据和资源，因此网络性能较低，数据保密性差，安全性不高。

（2）客户机/服务器模式

客户机/服务器（Client/Server）模式，简称 C/S 模式。在这种模式中，网络中的主机被分为客户机和服务器两种角色，少数主机作为专门的服务器集中存放数据或资源，并提供相应的网络服务，其他主机则作为客户机来访问服务器上的资源，如图 3-3 所示。

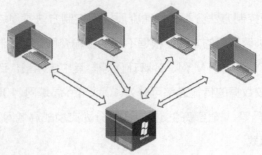

图 3-3　C/S 模式

在 C/S 模式中，服务器是网络的核心，数据和资源集中存放在服务器上，可以更好地进行资源管理和权限控制，以保证只有适当权限的用户可以访问数据和资源，从而提高了网络的安全性；同时因服务器具有强大的性能、更高的可靠性及更大的吞吐量，可同时向大量客户机提供网络服务，故网络性能更好、访问效率更高。C/S 模式一般适用于较大规模的网络环境。

（二）以太网技术

在众多的局域网技术中，以太网技术由于具有开放、简单、易于实现、便于部署等特性，在局域网中被广泛使用，迅速成为局域网中占据统治地位的技术，以至于现在人们将"以太网"当作了"局域网"的代名词。

1. 以太网的发展历程

以太网历史悠久，对该技术的首次描述出现在 1973 年。1980 年，美国 DEC、英特尔（Intel）和施乐（Xerox）三家公司组成的 DIX 联盟发布了第一个 10Mbit/s 的以太网标准。从此，一个基于以太网技术的开放式计算机通信时代正式开始。最早的 DIX 标准没有版权保护，任何人都可以复制、使用，这使得以太网技术成为了一项任何人都可以使用的公开技术，形成了一个开放的系统。1985 年，IEEE 采用 DIX 标准作为基础并对其作了一些技术修订后，将其作为以太网的官方技术标准，编号设为 IEEE 802.3。

最初的以太网使用同轴电缆形成总线型拓扑结构，通过复杂的连接器把计算机和终端连接到电缆上，每台计算机通过同一条总线电缆发送以太网信号，电缆中的任何一处故障都将导致整个网络瘫痪，而且排除故障需要花费很长时间。

双绞线以太网出现于 20 世纪 80 年代末期。借助双绞线，以太网可以搭建在更可靠的星状拓扑结构上，在这种结构中，所有计算机都连接到一个中心节点上，这使得网络系统更易搭建、管理，也更易检修。使用双绞线是以太网的一次重大变革，双绞线扩大了以太网的使用范围，使得其进入腾飞发展时期。20 世纪 90 年代早期，在建筑物中使用双绞线进行结构化布线的标准出台，这使得双绞线以太网成为当时应用最广泛的网络。

1995 年，100Mbit/s 的快速以太网标准出现，该标准提出快速以太网可以使用双绞线和光纤两种传输介质。快速以太网首先在骨干网络中得到了广泛使用，随后普遍应用在通用计算机网络上。1998 年，以太网再次升级，这次它的速率又翻了十倍，达到了 1 000Mbit/s，吉比特以太网把光纤和双绞线作为传输介质，它让骨干网络速度更快，并能够连接到更高性能的服务器上。

但以太网的发展并没有就此止步，而是继续突破早期设计限制：2003 年 10Gbit/s 光纤以太网标准发布，2006 年 10Gbit/s 双绞线以太网标准发布，支持在超六类（CAT 6A）双绞线上进行 10Gbit/s 的数据传输。2010 年，40Gbit/s 和 100Gbit/s 以太网标准发布，至此光纤和短程同轴电缆可以承载 40Gbit/s 和 100Gbit/s 的以太网信号。

2. 以太网的技术标准

目前，以太网技术已经形成了一系列标准，从早期 10Mbit/s 的标准以太网、100Mbit/s 的快速以太网、1Gbit/s 的吉比特以太网，一直到 10Gbit/s 的万兆以太网，其技术不断发展，成为局域网的主流技术。在数据中心中，40Gbit/s 和 100Gbit/s 以太网已经被普遍应用。

（1）标准以太网

标准以太网最初使用同轴电缆作为传输介质，后来发展到使用双绞线、光纤等作为传输介质。由于同轴电缆造价较高，且安装维护不便，已逐渐退出历史舞台。当今的以太网主要使用双绞线和光纤作为传输介质。

在标准以太网的相关标准中，前面的数字表示传输速率，单位是 Mbit/s；BASE 表示基带传输（即同轴电缆中传输的是数字信号）；最后一个数字表示单段介质的最大传输距离（基准单位是 100m）。

10BASE-5：这是最早基于粗缆（直径为 0.4in、阻抗为 50Ω）的以太网标准。其中，10BASE 表示传输速率是 10 Mbit/s，采用基带传输；5 表示单段同轴电缆的最大传输距离为500m。网络拓扑结构为总线型。

10BASE-2：这是基于细缆（直径为 0.2in、阻抗为 50Ω）的以太网标准，传输速率10Mbit/s，采用基带传输，单段同轴电缆的最大传输距离为 185m（接近 200m，故传输距离用数字"2"表示）。网络拓扑结构为总线型。

10BASE-T：该标准中的"T"表示介质类型是 3 类以上双绞线，传输速率 10Mbit/s，采用基带传输，单段双绞线的最大传输距离为 100m。网络拓扑结构为星状。

10BASE-F：该标准中的"F"表示介质类型是光纤，传输速率 10Mbit/s，采用基带传输，单段光纤的最大传输距离为 2 000m。网络拓扑结构为星状。

（2）快速以太网

快速以太网的传输速率为 100Mbit/s，使用的传输介质是双绞线和光纤。快速以太网的标准主要有 100BASE-TX 和 100BASE-FX 等。

100BASE-TX：使用五类以上双绞线作为传输介质，采用基带传输，单段双绞线的最大传输距离为 100m。网络拓扑结构为星状。

100BASE-FX：传输介质为单模光纤或多模光纤，使用多模光纤的单段最大传输距离为550m，使用单模光纤的单段最大传输距离为3 000m。网络拓扑结构为星状。

（3）吉比特以太网

吉比特以太网的传输速率为1Gbit/s，其主要标准包括1000BASE-SX、1000BASE-LX、1000BASE-T和1000BASE-TX。

1000BASE-SX：该标准中的"S"代表短波长，使用短波激光（波长为850nm）作为信号源，传输介质是多模光纤。使用芯径为50 μm的多模光纤的单段最大传输距离为550m，使用芯径为62.5 μm的多模光纤的单段最大传输距离为275m。

1000BASE-LX：该标准中的"L"代表长波长，使用长波激光（波长为1 300nm）作为信号源，传输介质是多模或单模光纤。使用芯径为50 μm和62.5 μm的多模光纤的单段最大传输距离为550m。使用芯径为10 μm的单模光纤的单段最大传输距离为5 000m。

1000BASE-T：该标准采用五类以上双绞线传输信号，单段最大传输距离为100m。

1000BASE-TX：该标准采用六类以上双绞线传输信号，单段最大传输距离为100m。

（4）万兆以太网

万兆以太网的传输速率为10Gbit/s，只支持全双工通信，使用的传输介质是光纤，传输距离可达40km，它不仅可以应用于局域网，还可以应用于城域网和广域网。万兆以太网的标准主要有10GBASE-SR（基于短波多模光纤，最大传输距离300m）、10GBASE-LR（基于长波单模光纤，最大传输距离10km）、10GBASE-ER（基于单模光纤，最大传输距离40km）等。

（三）常见网络设备

在有线网络中，常见的网络设备包括服务器、调制解调器、交换机、路由器、防火墙等。

1. 服务器

服务器（Server）是一种专用计算机，它比普通计算机运行更快、负载更高、价格更贵。服务器上安装网络操作系统（如Windows Server、Linux等），可以为网络中其他客户机（如PC、智能手机等）提供资源或应用服务。服务器具有高速的运算能力、更高的可靠性、强大的数据吞吐能力，以及更好的扩展性。相比普通计算机，服务器对稳定性、安全性及数据并行处理能力有着更高要求，它必须能够长时间不间断地稳定运行，并能快速响应大量客户机的同时访问。常见服务器的外观如图3-4所示。

图3-4　服务器

2．调制解调器

调制解调器（Modem）俗称"猫"，它是 Modulator（调制器）与 Demodulator（解调器）的合称。调制解调器可以完成数字信号和模拟信号之间的转换，以实现通过电话线路传输数据信号的目的。所谓"调制"就是在发送端把数字信号转换成能在电话线上传输的模拟信号，而"解调"则是在接收端把模拟信号转换成数字信号。传统的 ADSL 宽带调制解调器一般有 LINE 和 LAN 两种接口，分别用来连接电话线和双绞线，如图 3-5 所示。

图 3-5　ADSL 宽带调制解调器

随着技术的进步，光缆已经进入千家万户，现在宽带上网多用的是光调制解调器（俗称"光猫"），其作用是完成光、电信号之间的转换。光猫一般有多种接口，可分别用于连接光纤、双绞线、电话线等，如图 3-6 所示。

图 3-6　光猫

3．交换机

交换机（Switch）是局域网内的主要连接设备，它具有高密度的端口，其主要作用是将大量终端设备（如计算机、打印机等）接入网络，并在不同终端之间转发数据。传统意义上的交换机属于二层（数据链路层）设备，它可以读取数据帧中的 MAC 地址信息并根据目的 MAC 地址将数据帧从交换机的一个端口转发至另一个端口，同时交换机会将数据帧中的源 MAC 地址与对应的端口关联起来，在内部自动生成一张 MAC 地址表。所谓的"交换"，就是交换机根据 MAC 地址表将数据帧从一个端口转发至另一个端口的过程。在进行数据转发时，通过在发送端口和接收端口之间建立一条临时的交换路径，将数据帧由源主机发送到目的主机。典型交换机的外观如图 3-7 所示。

图 3-7　交换机

交换机可以分为两类：二层交换机和三层交换机。二层交换机可以识别数据帧中的 MAC 地址信息并根据 MAC 地址进行数据转发；三层交换机工作在 OSI 参考模型的第 3 层（网络层），它具有路由功能，可以加快大型局域网内部的数据转发。

4. 路由器

路由器（Router）是网络互联的核心设备，工作在 OSI 参考模型的第 3 层（网络层），它的主要功能是路由选择和数据包转发，它可以根据通信链路的情况自动选择一条最优路径并将数据包从一个网络转发至另一个网络。从硬件上看，路由器的端口比交换机的端口要少得多，但端口种类更丰富，可以支持各种类型的局域网和广域网连接。典型的路由器如图 3-8 所示。

图 3-8　路由器

路由器属于三层设备，可以连接相同类型或不同类型的网络，可以根据 IP 地址在不同网段之间转发数据。而交换机属于二层设备，它只能在同一网段内根据 MAC 地址转发数据。

5. 防火墙

防火墙（Firewall）是一种安全防护设备，它是一个由计算机硬件和软件组成的系统，通常部署于内外网的边界，是内部网络和外部网络之间的连接桥梁，并对进出网络边界的数据进行过滤，防止恶意入侵、恶意代码的传播等，保障内部网络数据的安全。几乎所有企业/单位都会在内部网络与外部网络相连接的边界处放置防火墙，从而起到安全过滤和隔离外部网络攻击、入侵等有害行为的目的。典型的防火墙如图 3-9 所示。

图 3-9　防火墙

（四）IP 地址

1. IP 地址的结构

IP 地址（Internet Protocol Address）也可以称为因特网地址或 Internet 地址，它是 IP 协议提供的一种统一的地址格式。Internet 上的计算机和网络设备要想互相通信，必须给它们分配一个独一无二的地址编码，这个地址编码就是 IP 地址，它用来在网络中唯一标识一台主机或一个端口。IP 地址由 32 位二进制数（4 个字节）组成，为提高 IP 地址的可读性，32 位二进制数被分成 4 段，每段 8 位二进制数，段与段之间用点号隔开，再把每段的二进制数转化成十进制数，写成 a.b.c.d 的形式（a、b、c、d 均介于 0～255），这就是通常所说的点分十进制表示法，如图 3-10 所示。

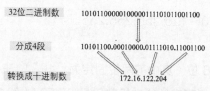

图 3-10　IP 地址的点分十进制表示法

为了便于寻址及层次化构造网络，IP 地址被分成网络 ID（网络位）和主机 ID（主机位）两部分。其中网络位占据 IP 地址的高位（左侧），代表 IP 地址所属的网段；主机位占据 IP 地址的低位（右侧），代表网段中的某个节点，如图 3-11 所示。同一网络（网段）中的所有主机的网络位相同，但主机位不同。

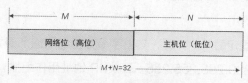

图 3-11　IP 地址的结构

网络个数和主机个数的计算方法如下。

假设 IP 地址中网络占据 M 位，主机占据 N 位（$M+N=32$），则网络个数为 2^M，每个网络中可容纳的主机数（可用 IP 地址数）为 2^N-2（网络地址和广播地址不能分配给主机使用，故减去 2）。

2. IP 地址的分类

为了满足不同规模网络对 IP 地址数量的不同需求，Internet 名称与数字地址分配机构（Internet Corporation for Assigned Names and Numbers，ICANN）定义了 5 种 IP 地址类型以适应不同规模的网络，即 A、B、C、D、E 五类。其中，A、B、C 三类 IP 地址可以分配给主机使用，D 类用于组播，而 E 类暂时保留，留作试验之用。A 类～E 类 IP 地址的划分如图 3-12 所示。

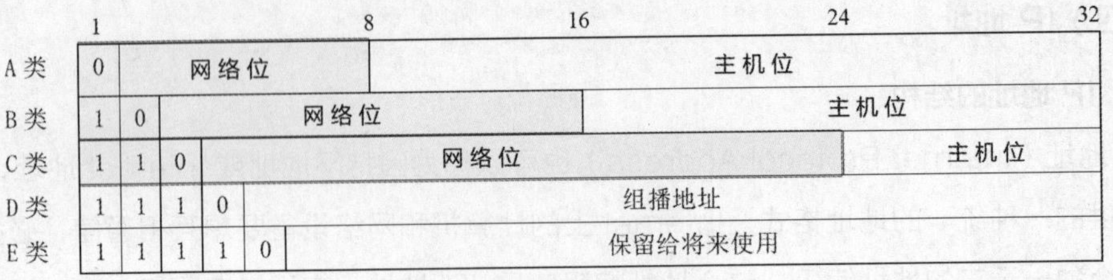

		1		8		16		24		32

图 3-12　IP 地址的分类

（1）A 类 IP 地址

A 类 IP 地址网络占据 8 位（其中最高位固定为"0"），主机占据 24 位。A 类网络个数为 126（即 2^7-2，以"0"和"127"开头的 IP 地址有特殊用途，详见后述"特殊 IP 地址"），每个网络可容纳的主机数目是 16 777 214（即 $2^{24}-2$），其首字节数值的取值范围为 1～126，表示的 IP 地址范围为 1.0.0.0～126.255.255.255。

（2）B 类 IP 地址

B 类 IP 地址网络占据 16 位（其中前两位固定为"10"），主机占据 16 位。B 类网络个数为 16 384（即 2^{14}），每个网络可容纳的主机数目是 65 534（即 $2^{16}-2$），其首字节数值的取值范围为 128～191，表示的 IP 地址范围为 128.0.0.0～191.255.255.255。

（3）C 类 IP 地址

C 类 IP 地址网络占据 24 位（其中前三位固定为"110"），主机占据 8 位。C 类网络个数为 2 097 152（即 2^{21}），每个网络可容纳的主机数目是 254（即 2^8-2），其首字节数值的取值范围为 192～223，表示的 IP 地址范围为 192.0.0.0～223.255.255.255。

（4）D 类 IP 地址

D 类 IP 地址前四位固定为"1110"，其首字节数值的取值范围为 224～239，表示的 IP 地址范围为 224.0.0.0～239.255.255.255。D 类 IP 地址用作组播，不能分配给主机使用。

（5）E 类 IP 地址

E 类 IP 地址前五位固定为"11110"，其首字节数值的取值范围为 240～247，表示的 IP 地址范围为 240.0.0.0～247.255.255.255。E 类 IP 地址暂未使用。

3. 私有 IP 地址

可以直接在 Internet 上使用的 IP 地址称为公有 IP 地址，每个公有 IP 地址全球唯一，由 ICANN 负责分配给互联网服务提供商（Internet Service Provider，ISP），企业或个人可向 ISP 付费使用公有 IP 地址。除此之外，为了满足局域网通信需要，还有一类 IP 地址无须申请即可免费使用，这就是私有 IP 地址。私有 IP 地址可被任何组织机构任意使用，但只能用于局域网内部计算机之间的通信，不能够通过其直接访问 Internet。使用私有 IP 地址的主机若要访问 Internet，需要使用网络地址转换（Network Address Translation，NAT）技术将私有 IP 地址转换成公有 IP 地址。

A、B、C 三类 IP 地址中各保留了一个地址段作为私有 IP 地址，其地址范围如下。

A 类：10.0.0.0～10.255.255.255

B 类：172.16.0.0～172.31.255.255

C 类：192.168.0.0～192.168.255.255

4. 特殊 IP 地址

（1）网络地址

网络位数据不变，主机所在位全为"0"的 IP 地址称为网络地址或网络号，它用来标识某一网络。网络号不能分配给主机使用。例如，对 B 类 IP 地址 172.20.203.123 而言，网络位和主机位各占 16 位，其网络号为 172.20.0.0。我们常说的 IP 地址是否在"同一网段"，就是指两个或多个 IP 地址所在网段的网络号是否相同，若网络号相同则在同一网段，网络号不同则在不同网段。

（2）广播地址

网络位数据不变，主机所在位全为"1"的 IP 地址称为广播地址或广播号，它用来代表某一网络中的所有主机。广播号同样不能分配给主机使用。例如，对 C 类 IP 地址 192.202.200.1 而言，网络位占据 24 位，主机位占据 8 位，其广播号为 192.202.200.255。

（3）环回地址

以"127"开头的 IP 地址（127.X.X.X，最常见的是 127.0.0.1）称为本地环回地址，它用来代表本机，该地址一般用来测试本机的网络协议或网络服务是否配置正确。在 Windows 操作系统中可用"localhost"来代替 127.0.0.1。该地址不能分配给任何物理接口使用。

（4）169.254.X.X

当主机被配置为自动获取 IP 地址，但当因网络中断、DHCP 服务器故障或其他原因导致主机无法动态获取到 IP 地址时，Windows 操作系统便会自动为主机随机分配一个以"169.254"开头的临时 IP 地址，这类 IP 地址仅限局域网内部互访，无法访问 Internet。

（5）0.0.0.0

以"0"开头的 IP 地址（0.X.X.X，常见的是 0.0.0.0）有两层含义：一是可以用来代表所有网络，二是当设备自身没有 IP 地址时，可用作自身的源 IP 地址。该地址不能用作目的地址。

（6）255.255.255.255

32 位二进制数全为"1"的 IP 地址（255.255.255.255）称为"受限广播地址"。当某些主机启动时，自己可能没有 IP 地址，也不知道本网段的网络号，这时候如果想要向本网段发送广播，只能采用 255.255.255.255 在本网段内部进行广播。受限广播地址只能作为目的地址，不能作为源地址，也不能被路由器转发至其他网段。

（五）子网掩码

1. 子网掩码的定义

子网掩码（Subnet Mask）的形式和 IP 地址一样，长度也是 32 位，它由若干个连续的二进制"1"后跟若干个连续的二进制"0"组成。子网掩码的作用是用来区分 IP 地址中的网络位和主机位，子网掩码中的值为"1"代表在 IP 地址中对应的位是网络位，为"0"则代表在 IP 地址中对应的位是主机位。也就是说，子网掩码中有多少个"1"，IP 地址中网络就占据多少位；有多少个"0"，IP 地址中主机就占据多少位。该说法反之亦成立：IP 地址中网络占据多少位，子网掩码中就有多少个"1"，主机占据多少位，子网掩码中就有多少个"0"。

例如，对 IP 地址"192.168.100.10"与子网掩码"255.255.255.0"而言，因子网掩码的前面是 24 个"1"，后面是 8 个"0"，则表示对应 IP 地址的前面 24 位为网络位，后面 8 位为主机位，即 IP 地址"192.168.100.10"的网络位是"192.168.100"，主机位是"10"。

子网掩码不能单独存在，它必须结合 IP 地址一起使用。将子网掩码和 IP 地址逐位进行二进制"与"运算，所得的结果便是该 IP 地址所在网络的网络号，如图 3-13 所示。

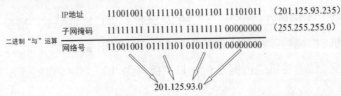

图 3-13　IP 地址与子网掩码进行二进制"与"运算得到网络号

2. 子网掩码的表示方法

子网掩码有两种表示方法，一种是点分十进制表示法，另一种是前缀表示法。

① 点分十进制表示法：与 IP 地址一样，子网掩码可以写成由点号隔开的 4 个十进制数，如 255.255.255.224。

② 前缀表示法：子网掩码用前缀表示法表示为：/n。其中 n 为整数，表示子网掩码中二进制"1"的个数，也表示 IP 地址中网络占据的位数。如上述子网掩码 255.255.255.224 也可以写成/27，它们两者之间是等效的。

所以，IP 地址与子网掩码结合起来，就有两种表示方法，如 172.16.1.1/255.255.240.0，也可以写作 172.16.1.1/20。

事实上，每个 IP 地址都必须有子网掩码，A、B、C 三类 IP 地址都有其默认的子网掩码（也称为"自然掩码"）。A 类 IP 地址网络占据 8 位，所以其默认子网掩码为/8（即 255.0.0.0）；B 类 IP 地址网络占据 16 位，所以其默认子网掩码为/16（即 255.255.0.0）；C 类 IP 地址网络占据 24 位，所以其默认子网掩码为/24（即 255.255.255.0）。

（六）子网划分

1. 子网划分原理

所谓的子网划分（或称划分子网）是指将一个大的网络分割成多个小的网络，其目的是提高 IP 地址的利用率，节约 IP 地址。子网划分的方法是从 IP 地址的主机位借用若干位作为子网地址（子网号），借位使得原 IP 地址的结构由网络位和主机位两部分变成了三部分，即网络位、子网位和主机位，如图 3-14 所示。子网划分后，网络位长度增加，相应的网络个数增加；主机位长度减少，每个网络中的可容纳主机数（可用 IP 地址数）减少。

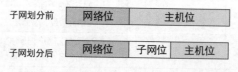

图 3-14　子网划分后 IP 地址结构的变化

2. 子网划分实例

子网划分有两种方式：一是根据子网个数划分，二是根据可用 IP 地址数（可容纳主机数）划分，现分别举例如下。

（1）根据子网个数划分

举例：某单位有一个 C 类网络号 215.137.98.0/24，现有 3 个不同的部门需要使用该网络号。为确保各部门互不干扰，要求每个部门使用独立的子网段，请规划出各部门可使用子网的网络号、广播号、子网掩码、可用 IP 地址范围。

① 首先确定子网位的长度。该单位需要 3 个子网，则子网位的长度 M 必须满足 $2^M \geqslant 3$，很显然 $M=2$ 条件即成立，故网络需要向主机借 2 位作为子网位。

② 计算子网个数、可用 IP 地址数及子网掩码。因子网位长度 $M=2$，则实际划分的子网个数为 4（即 2^2），借位后网络位的长度为 26（即 24+2），故各子网的掩码为 /26（即 255.255.255.192）；原主机位长度为 8 位，借位后的主机位长度 $N=6$（即 8-2 或 32-26），故每个子网可用 IP 地址数目为 62（即 2^6-2）。

③ 计算各子网的网络号、广播号和可用 IP 地址范围：因子网占据 2 位，2 位二进制数共有 4 种组合（2^2，即可以形成 4 个子网），分别是 00、01、10、11，各个子网分别如下。

第一个子网：网络号为 215.137.98.00000000（即 215.137.98.0），广播号为 215.137.98.00111111（即 215.137.98.63），可用 IP 地址的范围为 215.137.98.1～215.137.98.62（可用 IP 地址介于本子网的网络号与广播号之间）。

注意　　此处没有必要将 **215.137.98**（网络占据的位数）转换成二进制数，因为无论是计算网络号还是广播号，网络位数据始终是不变的。

第二个子网：网络号为 215.137.98.01000000（即 215.137.98.64），广播号为 215.137.98.01111111（即 215.137.98.127），可用 IP 地址的范围为 215.137.98.65～215.137.98.126。

其他两个子网的计算过程与此类似，此处不再详述。215.137.98.0/24 划分成 4 个子网的汇总信息如表 3-1 所示。

表 3-1　子网划分汇总表（215.137.98.0/24 划分成 4 个子网）

子网序号	子网号	子网广播号	可用 IP 地址范围	子网掩码
1	215.137.98.0	215.137.98.63	215.137.98.1～215.137.98.62	/26（即 255.255.255.192）
2	215.137.98.64	215.137.98.127	215.137.98.65～215.137.98.126	
3	215.137.98.128	215.137.98.191	215.137.98.129～215.137.98.190	
4	215.137.98.192	215.137.98.255	215.137.98.193～215.137.98.254	

（2）根据可用 IP 地址数（可容纳主机数）划分

举例：某企业申请了一个 B 类网络号 168.89.0.0/16，现要将该网络号划分成多个子网供不同部门使用，要求每个部门可使用的 IP 地址数不少于 1 000 个（即可容纳的主机数不少于 1 000 台）。作为企业网络管理员，请合理规划 IP 地址以满足各部门的需求。

① 首先确定主机位长度及可用 IP 地址数。因为每个部门（子网）可用的 IP 地址数不少于 1 000，所以主机位的长度 N 必须满足 $2^N-2 \geqslant 1\,000$，很显然 $N=10$ 条件成立，故主机占据 10 位便可满足要求，此时每个子网实际可用 IP 地址数是 1 022（即 $2^{10}-2$）。

② 计算子网个数及子网掩码。主机位长度 $N=10$，则网络位长度 $M=22$（即 32-10），故各子网的掩码为/22（255.255.252.0）。因网络位的原始长度为 16，故网络向主机借了 6（即 22-16）位作为子网位，因而可以形成 64（即 2^6）个子网。

③ 计算各子网的网络号、广播号和可用 IP 地址范围。因子网占据 6 位，6 位二进制数共有 64（即 2^6）种组合，依次分别是 000000、000001、000010、000011、000100、000101、000110……111111。

第一个子网：网络号为 168.89.**000000**00.00000000（即 168.89.0.0），广播号为 168.89.**000000**11.11111111（即 168.89.3.255），可用 IP 地址的范围为 168.89.0.1～168.89.3.254。

 注意　此处没有必要将 168.89（网络占据的位数）转换成二进制数，因为无论是计算网络号还是广播号，网络位数据始终是不变的。

第二个子网：网络号为 168.89.**000001**00.00000000（即 168.89.4.0），广播号为 168.89.**000001**11.11111111（即 168.89.7.255），可用 IP 地址的范围为 168.89.4.1～168.89.7.254。

第三个子网：网络号为 168.89.**000010**00.00000000（即 168.89.8.0），广播号为 168.89.

00001011.11111111（即 168.89.11.255），可用 IP 地址的范围为 168.89.8.1～168.89.11.
254。

第四个子网：网络号为 168.89.00001100.00000000（即 168.89.12.0），广播号为
168.89.00001111.11111111（即 168.89.15.255），可用 IP 地址的范围为 168.89.12.1～
168.89.15.254。

第五个子网：网络号为 168.89.00010000.00000000（即 168.89.16.0），广播号为
168.89.00010011.11111111（即 168.89.19.255），可用 IP 地址的范围为 168.89.16.1～
168.89.19.254。

其他剩余子网的计算过程与此类似，因子网个数较多（64 个），此处仅列出前面 10 个子
网的汇总信息，如表 3-2 所示。

表 3-2　子网划分汇总表（168.89.0.0/16 划分成 64 个子网）

子网序号	子网号	子网广播号	可用 IP 地址范围	子网掩码
1	168.89.0.0	168.89.3.255	168.89.0.1～ 168.89.3.254	
2	168.89.4.0	168.89.7.255	168.89.4.1～ 168.89.7.254	
3	168.89.8.0	168.89.11.255	168.89.8.1～ 168.89.11.254	
4	168.89.12.0	168.89.15.255	168.89.12.1～ 168.89.15.254	
5	168.89.16.0	168.89.19.255	168.89.16.1～ 168.89.19.254	/22（即 255.255.252.0）
6	168.89.20.0	168.89.23.255	168.89.20.1～ 168.89.23.254	
7	168.89.24.0	168.89.27.255	168.89.24.1～ 168.89.27.254	
8	168.89.28.0	168.89.31.255	168.89.28.1～ 168.89.31.254	
9	168.89.32.0	168.89.35.255	168.89.32.1～ 168.89.35.254	
10	168.89.36.0	168.89.39.255	168.89.36.1～ 168.89.39.254	
以下略				

（七）IPv6 概述

我们前面介绍的 IP 地址称为 IPv4 地址，它使用 32 位的地址结构，提供了 2^{32}（约 43 亿）
个 IP 地址。这样的数量看似很多，但随着互联网的快速发展和 Internet 规模的急剧扩张，尤
其是近年来移动互联网、物联网等新兴技术的快速崛起，导致 IPv4 几乎被耗尽，严重制约了

互联网的应用和发展，于是新一代的网络协议 IPv6 应运而生。IPv6 是 IPv4 的升级版本，其地址长度从 32 位增加到了 128 位。

1. IPv4 的局限性

IPv4 是目前广泛使用的互联网协议。经过多年的发展，IPv4 已经非常成熟，其运行良好稳定，得到了所有厂商和设备的支持，但也暴露出一些不足之处，主要表现为以下两点。

（1）地址空间不足且分配不均

当前，随着互联网的发展，用户数量呈爆炸性增长，尤其是物联网技术的快速发展，万物互联已逐渐走上舞台，需要大量的 IP 地址来建立连接。IPv4 地址理论上说来有 43 亿个，但由于协议最初的规划问题，部分 IP 地址不能使用，如 0.X.X.X、127.X.X.X、D 类、E 类等 IP 地址均不能分配给主机使用，导致实际可用 IP 地址数量大大减少。另外，IP 地址在空间上分布不均也是导致地址紧缺的主要原因。美国被分配了一半以上的 IP 地址，特别是美国的一些大公司和高校，它们获得了一个完整的 A 类地址，其可用 IP 地址数超过 1 000 万个，但实际上它们根本用不到这么多 IP 地址，造成了极大的浪费。而人口众多的亚洲地区，获得的 IP 地址非常有限，地址不足问题显得尤为突出，这进一步限制了互联网的发展和壮大。

（2）互联网骨干路由器的路由表容量压力过大

IPv4 发展初期缺乏合理的地址规划，造成地址分配不连续，导致当今互联网骨干路由器的路由表非常庞大，已经达到几十万条的规模，而且还在持续增长中。这对骨干路由器的处理能力和内存空间带来了巨大压力，影响了数据包的转发效率。

2. IPv6 的特点

IPv6 是下一代互联网协议，它几乎支持无限的地址空间，采用了全新的地址配置方式，使得地址配置更加简单。与 IPv4 相比，IPv6 具有如下特点。

（1）巨大的地址空间

IPv6 地址的长度是 128 位，理论上可提供的地址数目是 2^{128}（约 3.4×10^{38}）个，这个数目是非常巨大的，将这个地址空间平均分配给全世界所有人，每个人都可以拥有约 5.7×10^{28} 个地址。有人做过估计，如果 IPv6 地址被充分利用的话，地球上的每一粒沙子都可以拥有一个 IPv6 地址。IPv6 提供的海量地址，从根本上解决了 IP 地址不足的问题，可以满足未来网络的任何应用。

（2）路由效率更高

IPv6 吸取了 IPv4 地址分配不连续带来问题的教训，其充足的地址空间使得大量的连续地址块可以用来分配给网络服务提供商或其他组织，这可以实现骨干路由器上路由条目的汇总，从而极大缩小路由表的大小，提高路由选择的效率。

（3）报头格式大大简化并具有良好的扩展性

IPv6 把报头分为基本报头和扩展报头，简化的报头格式能够有效减少路由器或交换机对报头的处理开销，这对设计硬件报头处理的路由器或交换机十分有利，能提高数据的处理效率。扩展报头可以方便实现功能扩展，对今后加载新的应用提供了充分的支持。

（4）地址自动配置

IPv6 终端连接至网络时，可以通过自动配置的方式获取网络前缀，并自动生成 IP 地址，这使得终端无须手动配置 IP 地址，即能够快速连接至网络，实现了真正的即插即用，简化了网络管理过程。

（5）增加了流标签字段

通过流标签，IPv6 可以识别不同类型的流量，实现流量的优先级控制，从而更好地为数据包所属类型提供个性化的网络服务，同时有效保障相关业务的服务质量。

（6）更高的安全性

IPv6 通过扩展报头的形式支持 IPSec 协议，无须借助其他安全加密设备，就可以直接为上层数据提供加密和身份认证，保证数据传输的安全性。

（7）增强的移动性

IPv6 在移动网络和实时通信方面有了很多改进，具备强大的自动配置能力，IPv6 节点可任意改变在网络中的位置，但仍然保持现有连接，从而简化了移动主机和局域网的系统管理过程。

3．IPv6 的地址格式及表示方法

IPv6 的 128 位地址被分成 8 段，每 16 位二进制数为一段，每段被转换为 4 个十六进制数，段与段之间用西文冒号"："隔开，这被称为冒号十六进制表示法。例如，63AD:00D8:0000:3F40:70EB:CD9A:3E89:0010 就是一个完整的 IPv6 地址。

IPv6 地址较长，为了便于书写和记忆，可以采用压缩法来缩减其长度，即每段中的起始 0 可以去掉，多个连续 0 可以简写成一个 0。如 2001:0910:0000:45FE:0000:0080:3908:0001 可以压缩表示为 2001:910:0:45FE:0:80:3908:1，但段中的有效 0 不能被压缩，如上述地址不能写成 2001:91:0:45FE:0:8:3908:1。

为了进一步简化 IPv6 地址，还可以将冒号十六进制格式中的一段或多段连续的"0"省略，用双冒号"::"来代替，其中的"::"代表省略了一段或多段 0，如 2001:0000:0000:0001:FD08:0000:3890:ED80，可表示为 2001::1:FD08:0:3890:ED80 或 2001:0:0:1:FD08::3890:ED80。需要注意的是，一个 IPv6 地址中最多只能有一个"::"，如上述地址不能表示为 2001::1:FD08::3890:ED80，因为地址中如果有多个"::"的话，会无法确定每个"::"到底代表省略了几段"0"。以下是一些合法的 IPv6 地址：ABCD:910A:23D2:5498:8475:1DF1:3900:2020、1030::C9B4:FF12:48AA:1A2B、2000:0:0:0:0:0:0:1、2001:0DB8:02DE::0E13、2001::2CE、::2。

在 IPv4 和 IPv6 的混合环境中，有时更适合采用另一种混合表示方法表示 IP 地址，即

X:X:X:X:X:X: D.D.D.D。其中，高位的 6 段"X"是十六进制数，低位的 4 段"D"是十进制数（即标准 IPv4 地址）。例如，IP 地址 0:0:0:0:0:0:FE8D:129.144.52.38 就是采用的混合表示法，写成压缩形式即为::FE8D:129.144.52.38。

4. IPv6 的地址结构

在 IPv4 中，IP 地址被分成 A、B、C 等类别，且每个地址由网络位、主机位构成，并通过子网掩码来区分网络位和主机位的长度。与 IPv4 不同，IPv6 地址不再分成 A、B、C 等类，也取消了网络位、主机位和子网掩码的概念，代之以前缀、接口标识符、前缀长度，如图 3-15 所示。

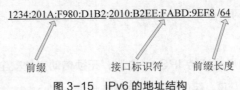

图 3-15　IPv6 的地址结构

① 前缀：一般情况下，前缀标识了该地址属于哪一个网络，其作用类似于 IPv4 地址中的网络位。IPv6 地址的前缀如果相同，表明它们属于同一网络。但有时前缀仅仅只是固定的值，用来表示特定的地址类型。

② 接口标识符：标识了网络中的某一接口，作用类似于 IPv4 地址中的主机位。IPv6 地址中的接口标识符可以自动产生。

③ 前缀长度：用于确定 IPv6 地址中哪一部分是前缀，哪一部分是接口标识符，作用类似于 IPv4 地址中的子网掩码。

例如，IPv6 地址 2001:FE80:9870:CDFE:2003:4DC9:A78D:5BAC/64，/64 表示该地址的前缀长度是 64 位，即前缀占据 64 位，接口标识符占据 64（即 128-64）位，所以该地址的前缀是 2001:FE80:9870:CDFE，接口标识符是 2003:4DC9:A78D:5BAC。

5. IPv6 的地址分类

IPv4 地址有单播、组播和广播等类型，与 IPv4 地址类似，IPv6 地址包括单播、组播和任播三种类型。

（1）单播地址

根据作用范围的不同，IPv6 的单播地址可以分为全球单播地址、链路本地地址和唯一本地地址、特殊地址等。

① 全球单播地址

全球单播地址相当于 IPv4 中的公有 IP 地址，目前已经分配出去的全球单播地址中前缀的最高三位被固定为"001"，故全球单播地址的范围是 2000::/3。

② 链路本地地址

链路本地地址以 FE80::/10 为前缀，它只能在连接到同一本地链路的设备之间使用。当设备启用 IPv6 后，接口会自动生成一个链路本地地址，这使得连接至同一链路的 IPv6 设备无须任何配置就可以互相通信。

③ 唯一本地地址

唯一本地地址以 FC00::/7 为前缀，它分为 FC00::/8 和 FD00::/8 两个地址段，目前使用的是 FD00::/8 地址段。唯一本地地址类似于 IPv4 中的私有 IP 地址，可随意使用。但唯一本地地址在私有网络中具有唯一性，这样即使两个使用唯一本地地址的局域网互联也不会产生地址冲突。

④ 特殊地址

未指定地址：0:0:0:0:0:0:0:0（简写为::），等同于 IPv4 中的 0.0.0.0，它表示设备没有 IP 地址，当设备刚接入网络，其本身没有 IP 地址时，可用该地址作为数据包的源地址，该地址不能用作目的 IP 地址。

环回地址：0:0:0:0:0:0:0:1（简写为::1），等同于 IPv4 中的 127.0.0.1，它表示设备本身，当设备将数据包发送给环回地址时，数据包不会被发往外部链路，而是会发回给自身。

（2）组播地址

IPv6 没有广播地址，它用组播地址来完成 IPv4 广播地址的功能。组播地址以 FF::/8 为前缀，它标识了一组接口，目的 IP 地址是组播地址的数据包会被属于该组的所有接口接收。

（3）任播地址

任播地址是 IPv6 特有的地址类型。任播地址没有单独的地址空间，而是从单播地址空间中进行分配，并使用单播地址的格式。任播地址可以同时被分配给多台设备，即多台设备可以有相同的任播地址，以任播地址为目标的数据包会被路由器发送到共享相同任播地址的设备组中距离源主机最近的某一台设备上。

三、任务实施

（一）任务分析

对一般的小型公司而言，公司分布范围小且人员也不多，组网的主要目的是共享文件及打印机、聊天与交流、共享上网等。网络中一般不需要专门的服务器，其安全性要求也不高，这种条件下，对等网无疑是最佳选择。因此，本次组网选择对等网模式，它结构简单、投资小，网络管理工作量相对较小。组建对等网通常选用交换机作为网络的中心设备，它是当前局域网中最常用的网络设备，用于将计算机、打印机等终端设备接入网络。

（二）网络拓扑结构

组建对等网一般采用交换机作为中心设备以放射状形式连接成星状拓扑结构，星状拓扑结构是当前局域网中最常见的一种结构，它使用双绞线连接各计算机，其结构简单、连接方便、扩展性强且不会发生单点故障。若网络中连接有打印机的话，根据打印机类型的不同，组网的拓扑结构略有差异，如图 3-16 和图 3-17 所示。

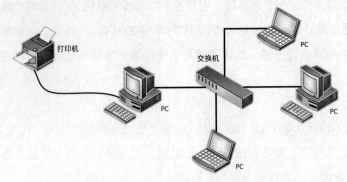

图 3-16　星状拓扑结构（打印机连接 PC）

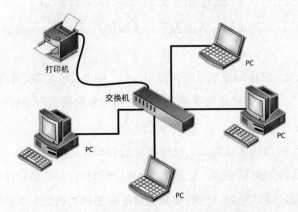

图 3-17　星状拓扑结构（打印机直接连接交换机）

（三）设备

① 安装 Windows 10 或 Windows Server 2016 操作系统的台式计算机或笔记本电脑数台。

② 交换机 1 台。

③ 打印机 1 台（受条件所限没有打印机的话，也可以省略该设备）。

④ 普通网线（双绞线）多条。

（四）实施步骤

在任务实施之前，首先要确保计算机上的有线网卡已经安装驱动程序并能正常工作，其步骤是：鼠标右击桌面上的"此电脑"图标，在弹出的快捷菜单中选择"属性"，在打开的窗口中单击"设备管理器"，在设备管理器中展开"网络适配器"选项，查看网卡前面是否有黄色感叹号或"×"，若有则表明网卡驱动程序没有正确安装，请在网络上下载对应型号的网卡驱动程序并进行安装。

① 测试线缆

准备好的网线在使用前必须使用网线测线仪进行测试，以保证其连通良好。

② 连接计算机与交换机

使用网线连接计算机和交换机时，网线的一端插入计算机的网卡，另一端插入交换机的任一网口。连接完成后计算机网卡和交换机对应端口的指示灯均会亮起，如果不亮表示没有连通，请分析查找原因，有可能是网线有问题、水晶头没有插好或网卡本身故障。

③ 测试计算机之间的连通性

修改各台计算机的主机名称，并为其配置 IP 地址及子网掩码（各计算机的 IP 地址必须在同一网段），然后在任意一台计算机上 ping 其他计算机，看能否 ping 通。

> **注意** 两台主机之间 ping 不通，除了硬件故障或线路不通外，还有可能是软件原因。最常见的一种情况是主机上安装了杀毒软件或启用了防火墙，其默认设置会过滤掉 ping 数据包，这也会导致主机之间无法 ping 通，此时可以暂时关闭杀毒软件或防火墙再进行测试。

④ 连接打印机并安装驱动程序

将打印机连接到某台计算机主机上或直接连接至交换机。目前，打印机一般有两种连线方式：一种是通过 USB 线缆连接计算机的 USB 接口（可能还有少部分老式打印机只能连接台式计算机主机的 LPT 接口，即并行接口）。另一种是通过打印机的 RJ-45 网络接口使用双绞线直接连接至交换机。连线完毕后，可能还需要在计算机上安装打印机驱动程序方可正常使用，驱动程序的安装过程与安装其他程序类似，此处不再赘述（可参考打印机随机说明书或官方网站上的使用说明）。

任务二 网络资源共享

一、任务背景描述

小明所在的公司已经搭建好简单的有线对等网，网内各计算机均已正常工作，但这些计算机之间却是独立而没有任何联系的。小明作为新任网络管理员，希望计算机之间可以进行资源共享，如文件夹共享、打印机共享、远程访问另一台计算机等，请在计算机上进行设置以满足相关需求。

二、相关知识

局域网中常见的资源共享包括文件夹共享、打印机共享、远程桌面连接、映射网络驱动器等。

① 文件夹共享：指某台计算机和其他计算机之间相互分享文件夹，"共享"即"分享"的意思。一般来说，单个文件是不能直接共享的，必须先将文件放到一个文件夹中，然后将文件夹共享，当一个文件夹被共享后，其下所有的子文件及子文件夹也一同被共享。

② 打印机共享：将打印机通过网络共享给其他用户，这样其他用户也可以使用该打印机完成打印服务，打印机共享可以使局域网内的所有计算机共用一台打印机，而不必为每台计算机单独配备一台打印机。

需要注意的是，可在网络上共享的打印机有两种：本地打印机和网络打印机。本地打印机是指通过 USB 接口（或并行接口）连接至某一计算机主机的打印机，本地打印机必须在计算机上设置共享后才可以供其他人使用，这种打印机对计算机具有极高的依赖性，如果所连接的计算机主机没有开机，别人将无法使用该打印机。网络打印机相当于一台 PC，它具有 RJ-45 网络接口，可手动或自动获取 IP 地址，可通过网线直接连接到交换机上，局域网中的所有计算机都可以通过 IP 地址来访问网络打印机。只要本身不断电，网络打印机就可以随时供用户使用。

当然，现在的一些打印机同时具有上述两种类型的接口，既可以连接计算机主机，也可以直接连接交换机，如图 3-18 所示。

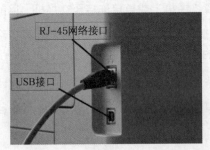

图 3-18 具有 RJ-45 网络接口和 USB 接口的打印机

③ 远程桌面连接：即远程登录，主要用来远程连接一台安装了 Windows 操作系统的计算机。利用远程桌面，可以通过网络在一台计算机上对另外一台计算机进行远程控制，即使远程主机处于无人值守状态。通过这种方式，用户可以使用远程主机中的数据、应用程序和网络资源，就像坐在远程主机前面直接操作一样。当然，远程主机必须开启"远程桌面"功能，并且需要提供具有相应权限的账户方可实现远程桌面连接。

④ 映射网络驱动器：映射网络驱动器是实现磁盘共享的一种方法，它将局域网中的某个目录（文件夹）映射成本地驱动器，即把网络中其他主机上的共享文件夹映射成本机的一个磁盘，这样就可以将本机的数据保存至另外一台计算机或者把另外一台计算机上的文件下载到本机。映射网络驱动器后，本机的"此电脑"窗口中会多出一个网络磁盘（网络驱动器），可以像操作本地磁盘一样操作网络驱动器。如果用户需要经常访问网络中某一特定的共享资源，通

过映射网络驱动器可以加快访问速度，节省时间。

三、任务实施

（一）任务分析

在使用 Windows 操作系统时，需要使用账号（用户名和密码）来登录系统，系统安装后已内置了两个默认账号：Administrator 和 Guest。Administrator 是管理员账号，拥有对系统进行完全控制的所有权限，Guest 为来宾（访客）账号，具有访问系统的有限权限。若要以其他用户身份使用系统，可通过管理员创建新的用户账号并授予适当的权限。同时，局域网中的文件夹与打印机共享、远程桌面连接、映射网络驱动器等都涉及用户账号，所以在进行上述操作时，也需要在计算机上新建 Windows 账户或启用相关的默认账户。

（二）网络拓扑结构

本任务的网络拓扑结构详见图 3-16、图 3-17。当然，在实验室环境中，为减少设备的使用数量，本任务的网络拓扑结构可进一步简化，如图 3-19 所示。

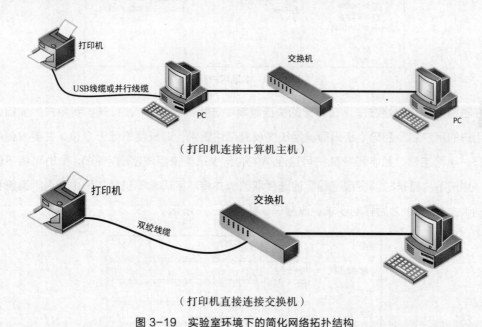

（打印机连接计算机主机）

（打印机直接连接交换机）

图 3-19　实验室环境下的简化网络拓扑结构

（三）设备

① 安装 Windows 10 或 Windows Server 2016 操作系统的台式计算机或笔记本电脑若干台（至少需要 2 台计算机）。

② 交换机 1 台。

③ 打印机 1 台（受条件所限没有打印机的话，该设备也可省略）。

④ 普通网线（双绞线）多条。

（四）实施步骤

1．用户管理

（1）新建用户

Windows
用户管理

在 Windows Server 2016 桌面右击"此电脑"图标，在弹出的快捷菜

单中选择"管理"，打开"服务器管理器"窗口，在右上角的"工具"菜单中选择"计算机管理"（或单击"开始"→"Windows 管理工具"→"计算机管理"），打开"计算机管理"窗口。在左侧窗格中依次展开"系统工具"→"本地用户和组"→"用户"，在右侧窗格可以看到本机已经存在的用户列表，其中包括默认账户"Administrator"和"Guest"，如图 3-20 所示。

图 3-20　本地用户列表

在右侧窗格空白处右击，在弹出的快捷菜单中选择"新用户"，打开"新用户"窗口，输入新用户的用户名及密码（密码须满足长度及复杂性要求，即长度不低于 6 位，并要求使用大写字母、小写字母、数字和特殊符号这四类中的至少三类来组成密码字符），同时可将下部的选项"用户下次登录时须更改密码"的选择取消，并将"密码永不过期"选中，否则系统会在一定期限（42 天）之后强制要求更改密码，如图 3-21 所示。

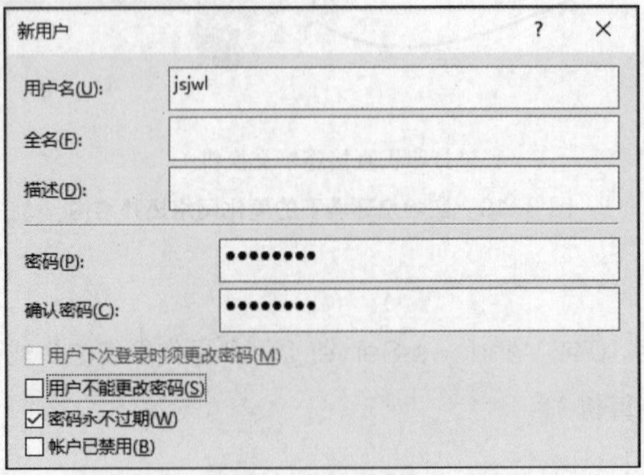

图 3-21　新建用户

（2）为用户设置新密码

在用户名上右击，在弹出的快捷菜单中选择"设置密码"，可以为用户设置新密码，如图3-22所示。设置新密码时会弹出一个警告窗口，单击"继续"按钮，为用户设置新密码。

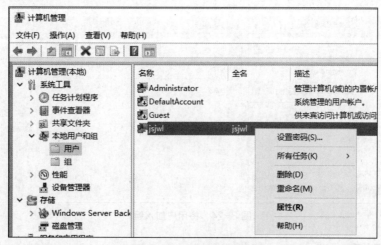

图 3-22　修改用户密码

（3）修改用户属性

在用户名上右击，在弹出的快捷菜单中选择"属性"（或者直接在用户名上双击），在弹出的属性窗口的"常规"选项卡上修改相关属性，如是否禁用/锁定账户、是否允许用户更改密码等，如图 3-23 所示。

图 3-23　修改用户属性

新创建的用户默认属于"Users"组，若要将用户加入其他组，可以在用户属性窗口中切换至"隶属于"选项卡，单击下部的"添加"按钮，在打开的"选择组"窗口中直接输入组名或单击"高级"→"立即查找"搜索系统中已存在的组，如图 3-24 所示。

图 3-24　将用户加入组

2. 文件夹共享

在 Windows 操作系统中，用户设置共享文件夹前，首先应确保服务器和客户端在同一工作组中且能互相访问。服务器端和客户端的设置步骤如下。

（1）服务器端

① 设置文件夹能被所有人访问

设置共享文件夹能
被所有人访问

在欲共享出去的文件夹上（此处为 Document）右击，在弹出的快捷菜单中选择"共享"→"特定用户"（也可以单击"属性"，切换到"共享"选项卡后再单击"共享"），如图 3-25 所示。

图 3-25　设置文件夹共享

在"文件共享"窗口中，添加允许访问共享文件夹的用户。单击下拉按钮，会出现本机可以使用的用户列表，如图 3-26 所示。

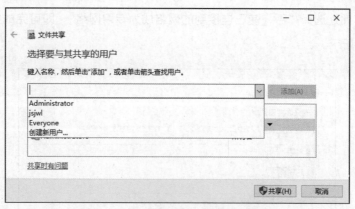

图 3-26　设置可访问共享文件夹的用户

为了使得任何人均可以访问共享文件夹，在下拉列表中选择"Everyone"并单击"添加"按钮，便将 Everyone 用户添加到了授权用户列表中。Everyone 用户的默认访问权限是"读取"，意味着该用户只能访问共享文件夹中的文件，但不能添加、删除或修改文件，如图 3-27所示。

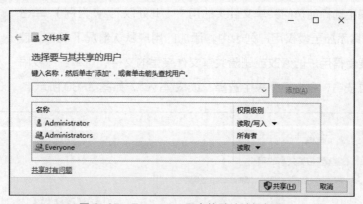

图 3-27　Everyone 用户的默认访问权限

单击窗口下部的"共享"按钮，若是第一次设置共享，会弹出"网络发现和文件共享"对话框，如图 3-28 所示。

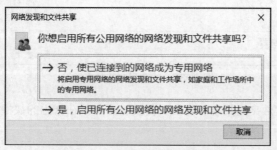

图 3-28　启用网络发现和文件共享

只有启用了网络发现和文件共享功能，其他计算机才能发现本机及其发布的共享文件夹。

基于安全考虑，此处选择"否，使已连接到的网络成为专用网络"，即可完成共享文件夹的设置，如图3-29所示。

图3-29　文件夹已共享

② 设置文件夹仅被特定人访问

在欲共享的文件夹上（此处为 MyPicture）右击，在弹出的快捷菜单中选择"共享"→"特定用户"，在打开的"文件共享"窗口中，单击下拉按钮，在下拉列表中选择能访问共享文件夹的用户（此处以 jsjwl 为例），单击"添加"按钮将其添加至授权用户列表中。添加的用户默认情况下仅有"读取"权限，若要使得用户能修改或删除共享文件夹里的文件，可单击"权限级别"列的下拉按钮，在权限列表中选择"读取/写入"，如图3-30所示。

设置共享文件夹仅被特定人访问

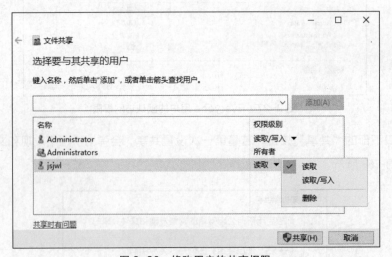

图3-30　修改用户的共享权限

当然，若要取消文件夹的共享，可在文件夹上右击，在弹出的快捷菜单中选择"共享"→"停止共享"。

③ 显示共享文件夹信息

若要查看本机有哪些文件夹已被共享出去，可在"计算机管理"窗口的左侧窗格中依次展开"系统工具"→"共享文件夹"→"共享",在右侧窗格中便可以看到本机已被共享的文件夹,如图 3-31 所示的"Document"和"MyPicture"。当然,此处也可以创建或取消文件夹的共享及设置共享文件夹的访问权限。

图 3-31　查看本机的共享文件夹

若要查看有哪些用户正在访问本机的共享文件夹,可单击"共享文件夹"→"会话",右侧窗格便可以显示正在访问共享文件夹的用户信息,如图 3-32 所示。从图中可以看出,用户 jsjwl 正通过客户端 192.168.10.10 访问本机的共享文件夹。

图 3-32　查看正在访问共享文件夹的用户

（2）客户端

在 Windows 10 客户端中按下 Windows+R 组合键,打开"运行"对话框,在文本框内输入"\\IP 地址"或"\\计算机名称",弹出登录认证对话框,如图 3-33 所示。

图 3-33　登录认证对话框

在登录认证对话框中输入服务器上已有的某一账号（此处为 jsjwl），便可以访问服务器上的共享文件夹，如图 3-34 所示。

图 3-34　通过客户端访问共享文件夹

根据不同的权限，用户可在服务器端的共享文件夹中执行不同的操作，如在具有读/写权限的 MyPicture 文件夹下可以新建、复制或删除文件；而在仅有读取权限的 Document 文件夹下新建或删除文件时，则会弹出权限不足的提示信息，如图 3-35 所示。

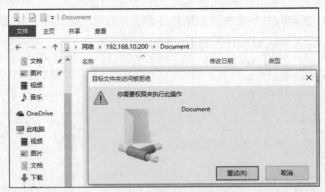

图 3-35　权限不足的提示

3．打印机共享

可在网络上共享的打印机有本地打印机和网络打印机两种。本地打印机是连接至某一主机的打印机，而网络打印机则是通过网线直接连接至交换机的打印机。

（1）本地打印机共享

在 Windows 操作系统中，用户设置打印机共享前，首先应确保连接打印机的服务器和客户端计算机互相连通且能互访。

① 服务器端

在进行打印机共享之前，将打印机连接至服务器，并正确安装驱动程序。当然，如果没有打印机，也可以在服务器上安装一台虚拟打印机来完成本任务。

打印机共享

● 添加虚拟打印机

在 Windows Server 2016 操作系统中添加虚拟打印机的步骤如下。

单击"开始"菜单左侧的"设置"图标，在"Windows 设置"窗口中单击"设备"→"打印机和扫描仪"页面下部的"设备和打印机"（也可以选择"控制面板"→"硬件"→"设备和打印机"），打开"设备和打印机"窗口，如图 3-36 所示。

图 3-36 "设备和打印机"窗口

单击窗口上部的"添加打印机"按钮，系统自动搜索网络上的打印机，此处无须等待直接单击窗口下部的"我所需的打印机未列出"。在"按其他选项查找打印机"窗口中，选中"通过手动设置添加本地打印机或网络打印机"单选项，如图 3-37 所示。

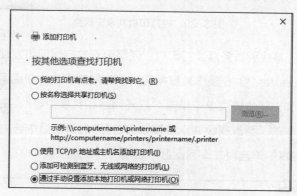

图 3-37 手动添加打印机

在后续步骤中，打印机端口选择使用现有端口，安装驱动程序时随意选择一家厂商的任意型号的打印机（此处以"Canon"为例），打印机名称可自行修改，随后系统便会自动安装驱动程序，从而完成虚拟打印机的安装，此处暂时将打印机设置成不共享，如图 3-38 所示。

图 3-38 添加到本地主机的虚拟打印机

• 将打印机共享在网络上

在图 3-38 的"设备和打印机"窗口中找到欲共享的打印机，在打印机图标上右击，在弹出的快捷菜单中选择"打印机属性"（注意：不是"属性"），在打印机属性窗口中切换到"共享"选项卡，选中"共享这台打印机"复选框，并且给打印机设置一个共享名，打印机便被共享至网络，如图 3-39 所示。同样，若打印机已被共享，也可以在此处不选中"共享这台打印机"复选框以取消共享。

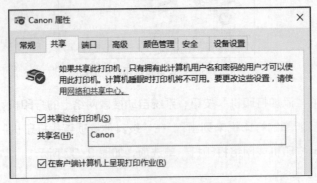

图 3-39　将打印机共享至网络

为了使得客户端能够找到服务器及打印机，还需要双方启用网络发现、文件和打印机共享功能。在 Windows Server 2016 操作系统中启用该功能的步骤：在桌面任务栏右下角的网络连接图标上右击，在弹出的快捷菜单中单击"打开网络和共享中心"，在打开的"网络和共享中心"窗口中单击左侧的"更改高级共享设置"，在打开的新窗口中选中"启用网络发现"和"启用文件和打印机共享"单选项并保存设置，如图 3-40 所示。

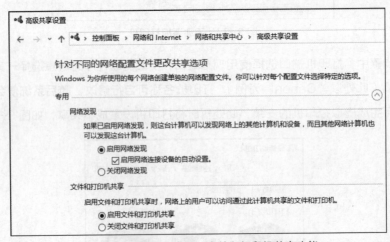

图 3-40　启用网络发现、文件和打印机共享功能

② 客户端

在 Windows 10 客户端的"控制面板"窗口中，单击"硬件和声音"→"设备和打印机"，

在打开的"设备和打印机"窗口中，单击上部的"添加打印机"按钮，系统自动搜索网络上的打印机，若未搜索到打印机，则单击下部的"我所需的打印机未列出"。在打开的"按其他选项查找打印机"窗口中，选中"按名称选择共享打印机"单选项，并单击旁边的"浏览"按钮，此时有可能找不到任何计算机，窗口上部以橙色背景提示"网络发现和文件共享已关闭。看不到网络计算机和设备。单击以更改…"，如图 3-41 所示。

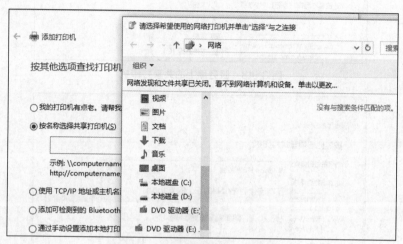

图 3-41　按名称选择共享打印机

单击橙色提示信息，启用"网络发现和文件共享"功能，同一网络中的计算机便会出现，若未出现，可尝试多次刷新窗口。双击打印机所连接的服务器（此处为 WIN2016），输入有权访问服务器的用户账号，服务器所连接的打印机便会显示出来，如图 3-42、图 3-43 所示。

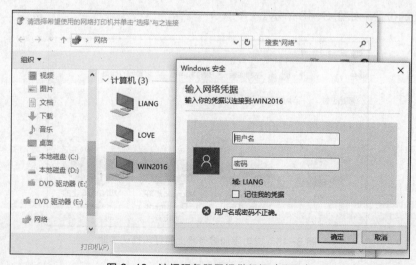

图 3-42　访问服务器需提供凭据（账号）

选择已搜索到的打印机，单击"下一步"按钮，客户端开始连接打印机并自动下载和安装打印机驱动程序，如图 3-44 所示。

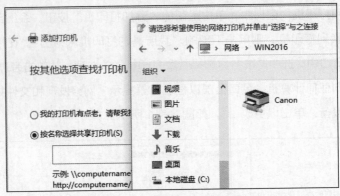

图 3-43　服务器上的共享打印机

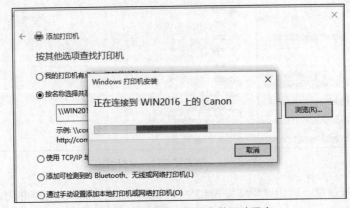

图 3-44　连接打印机并安装驱动程序

驱动程序安装完毕后，网络上的打印机便被添加到本地，从打印机的名称上可以看出这台打印机所处的位置，如图 3-45 所示。

图 3-45　成功添加服务器上的打印机至本地

（2）网络打印机共享

在进行网络打印机的共享之前，将打印机连接至交换机，网络打印机便可以自动获取到 IP 地址（当然也可以手动设置 IP 地址）。然后通过打印机的触摸操作面板查看其 IP 地址，并在客户端计算机上 ping 打印机 IP 地址，确保客户端与打印机互通。

  网络打印机共享比本地打印机共享的设置步骤更简单。在 Windows 10 客户端的"控制面板"窗口中，单击"硬件和声音"→"设备和打印机"，在打开的"设备和打印机"窗口中，单击上部的"添加打印机"按钮，系统自动搜索网络上的打印机，一般情况下，客户端可以自动搜索到与自己同在一个网段的网络打印机，图 3-46 所示为搜索到的富士施乐打印机 DocuCentre-V C2263。

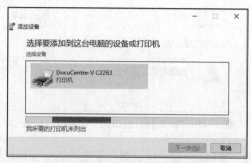

图 3-46　自动搜索到网络打印机

  选中搜索到的打印机，单击"下一步"按钮，系统自动安装打印机驱动程序，然后网络打印机便被添加到本地，如图 3-47 所示。

图 3-47　添加至本地的网络打印机

4. 映射网络驱动器

在映射网络驱动器前，应确保服务器端和客户端互相连通且能互访。

（1）服务器端

  在 Windows Server 2016 服务器上将某一文件夹共享，并设置共享用户及相应的访问权限（为了能够写入文件，应授予用户读取/写入权限），操作步骤详见前述"共享文件夹"小节。

映射网络驱动器

（2）客户端

  在 Windows 10 客户端的桌面上双击"此电脑"图标，在打开的"此电脑"窗口中切换至

"计算机"标签，单击该标签下的"映射网络驱动器"，如图 3-48 所示。

图 3-48 "此电脑"窗口的"计算机"标签

打开"映射网络驱动器"窗口后，在"驱动器"下拉列表中为网络驱动器设置一个盘符（默认为"Z"）。选项"登录时重新连接"的含义是当客户端重启后，系统会自动连接之前设置好的网络驱动器，否则每次重启系统后，需要再次手动映射网络驱动器。

单击"浏览"按钮，客户端会自动搜索并列出同一网络中的计算机名称（若"网络"下未列出计算机名称，则需要双方开启"网络发现和文件共享"功能）。单击服务器名称，输入有权访问服务器的账号（根据不同情况，也可能无须账号），如图 3-49 所示。

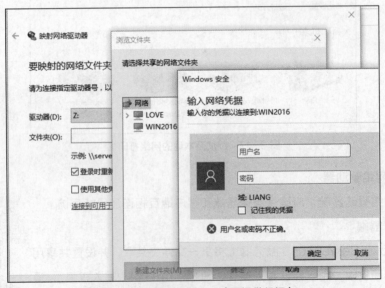

图 3-49 映射网络驱动器（需提供凭据）

在服务器上找到欲映射的共享文件夹后，先后单击"确定"按钮和"完成"按钮，网络驱动器映射完成。打开"此电脑"窗口，可以看到"网络位置"下多了一个盘符为"Z"的驱动器，这就将远程的一个共享文件夹映射成了本地网络驱动器，如图 3-50 所示。双击网络驱动器，就可以像访问本地磁盘一样去访问网络上的共享文件夹。

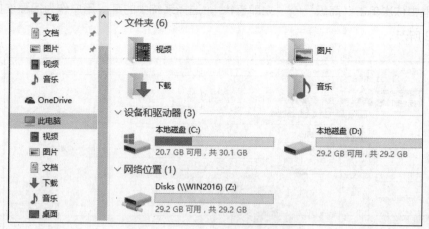

图 3-50　映射成功的网络驱动器

当然，若想取消映射，可在网络驱动器上单击右键，在弹出的快捷菜单中选择"断开连接"，即可断开映射，网络驱动器的图标也会消失。

5．远程桌面连接

（1）远程服务器端

在 Windows Server 2016 桌面的"此电脑"图标上右击，在弹出的快捷菜单中选择"属性"，打开"系统"窗口，单击窗口左侧的"远程设置"，打开"系统属性"对话框。单击对话框中的"远程"选项卡，在对话框中部的"远程桌面"选项组下选中"允许远程连接到此计算机"单选项，开启远程桌面功能，如图 3-51 所示。

远程桌面连接

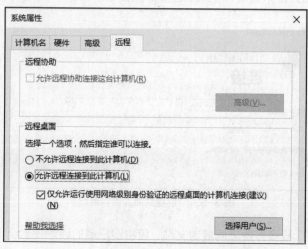

图 3-51　在远程服务器上开启远程桌面功能

在图 3-51 所示对话框中单击"选择用户"按钮，打开"远程桌面用户"对话框，对话框中列出了有权远程连接至本机的用户。若要添加远程连接用户，可单击"添加"按钮，然后在弹出对话框中依次单击"高级"→"立即查找"，选择系统中的某一用户作为远程连接用户，如图 3-52 所示。

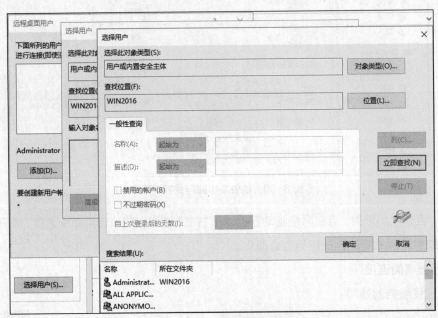

图 3-52　添加远程连接的用户

依次执行上述步骤后，多次单击"确定"按钮，远程服务器的远程桌面连接设置完成。

（2）客户端

在 Windows 10 客户端中依次单击"开始"菜单中的"Windows 附件"→"远程桌面连接"，打开"远程桌面连接"窗口，输入欲连接的远程服务器的 IP 地址，如图 3-53 所示。

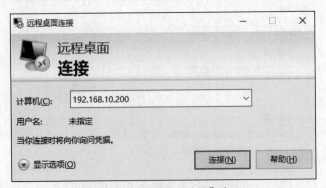

图 3-53　"远程桌面连接"窗口

若要在客户端和远程服务器之间复制文件，可将客户端的硬盘映射至远程服务器上。单击"远程桌面连接"窗口下部的"显示选项"按钮，在弹出的对话框中切换到"本地资源"选项卡，单击"详细信息"按钮，选择映射至远程服务器的本地分区，如图 3-54 所示。这样一来，远程桌面连接成功后，远程服务器上便会产生一个或多个网络驱动器，从而可以实现在客户端和远程服务器之间互相复制文件。

图 3-54　将本地磁盘映射到远程服务器

设置好"显示选项"后回到"远程桌面连接"窗口，单击"连接"按钮，这时系统会询问你是否信任该远程连接操作，再次确认后弹出登录认证对话框。输入正确的远程用户账号后，客户端开始连接远程服务器，稍后弹出"无法验证此远程计算机的身份"的警告信息，询问是否继续。确认继续连接后，便可以从客户端远程连接到服务器，从而远程控制服务器。在远程服务器上打开文件资源管理器，便可以看见图 3-55 所示情形。图中"设备和驱动器"下的网络驱动器"LIANG 上的 D"便是映射至远程服务器的本地磁盘分区。若要断开远程连接，可单击屏幕上部可收缩标题栏上的"×"按钮，从而回到本地主机。

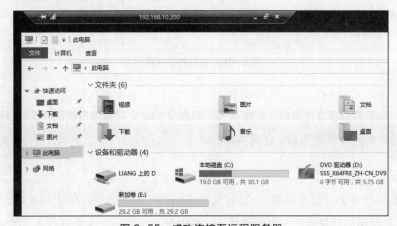

图 3-55　成功连接至远程服务器

四、知识拓展

共享权限与 NTFS 权限的联系与区别

当用户通过网络访问位于服务器上的共享文件夹时，用户拥有的实际访问权限同时取决于文件夹的共享权限和 NTFS 权限。

（1）共享权限

共享权限只对从网络访问该文件夹的用户有效，而对于从本地登录的用户无效。共享权限只有三种：完全控制、更改、读取。

共享权限的设置方法：在共享文件夹上单击右键，在弹出的快捷菜单中选择"属性"，在弹出的对话框中切换至"共享"选项卡，单击"高级共享"按钮打开"高级共享"对话框，再单击"权限"按钮便可以在权限对话框中设置共享权限，如图 3-56 所示。

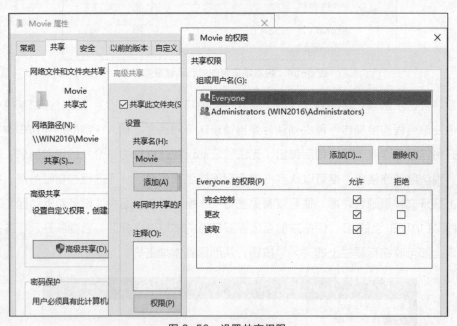

图 3-56　设置共享权限

 注意　在前面共享文件夹时，在图 3-27 和图 3-30 中共享用户右侧"权限级别"列设置的权限是 NTFS 权限，不是共享权限。

（2）NTFS 权限

NTFS 权限也称为"安全权限"，它对从网络访问和本地登录的用户均有效。对本地登录而言，意味着不同用户登录到同一台计算机上，对磁盘上的同一文件夹可以有不同的访问权限。

只有 NTFS 文件系统的分区才会有 NTFS 权限，FAT32 文件系统没有 NTFS 权限。

　　NTFS 权限的设置方法：在文件夹上单击右键，在弹出的快捷菜单中选择"属性"，在弹出的对话框中切换到"安全"选项卡，单击"编辑"按钮便可以在权限对话框为用户添加或修改权限，如图 3-57 所示。NTFS 权限较多，包括完全控制、修改、读取和执行、列出文件夹内容、读取、写入，以及特别权限等，可以进行非常细致的设置。

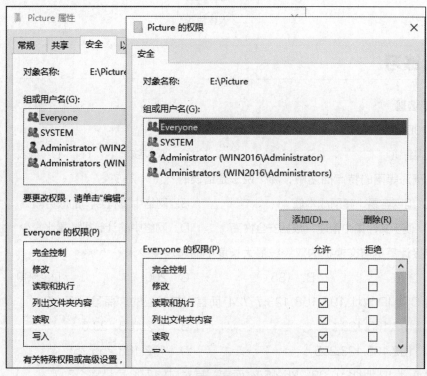

图 3-57　设置 NTFS 权限

　　（3）共享权限和 NTFS 权限的联系与区别

　　① 共享权限与文件系统无关，只要设置共享就能够应用共享权限；NTFS 权限必须是 NTFS 文件系统，FAT32 文件系统没有 NTFS 权限。

　　② 共享权限是基于文件夹的，即只能够在文件夹上设置共享权限，而不能在文件上设置共享权限；NTFS 权限是基于文件的，既可以在文件夹上也可以在文件上设置 NTFS 权限。

　　③ 不管是共享权限还是 NTFS 权限都遵循"拒绝"权限优先于其他权限的原则。

　　④ 当某一用户通过网络访问共享文件夹，而这个文件夹又在 NTFS 分区上时，那么共享权限和 NTFS 权限会同时对该用户起作用，用户的最终有效权限是他对该文件夹的共享权限与 NTFS 权限中最为严格的权限（即两种权限的交集）。如某用户在共享文件夹上的共享权限是"读取"，NTFS 权限是"完全控制"，那么该用户通过网络访问共享文件夹的实际有效权限为"读取"权限。

课程思政

课程思政

课后练习

一、单选题

1. 100BASE-FX 标准使用的是哪一种传输介质？（　　）

    A. 细缆　　　　　　　B. 粗缆　　　　　　　C. 双绞线　　　　　　　D. 光纤

2. 关于对等网的特点描述中，哪个说法是错误的？（　　）

    A. 组网容易、建网成本低　　　　　　B. 网络中没有专门的服务器

    C. 便于文件集中管理，数据安全性高　　D. 网络中的计算机数量比较少

3. 连接计算机与交换机的双绞线最大长度不能超过多少米？（　　）

    A. 100　　　　　　　B. 185　　　　　　　C. 200　　　　　　　D. 500

4. 对 C 类 IP 地址 192.168.123.77/24 而言，其对应的广播号是哪个？（　　）

    A. 192.168.123.1　　　　　　　B. 192.168.123.0

    C. 192.168.123.255　　　　　　D. 192.168.255.255

5. 对 A 类 IP 地址 10.98.235.45/8 而言，其对应的网络号是哪个？（　　）

    A. 10.98.235.0　　　B. 10.98.235.1　　　C. 10.98.0.0　　　D. 10.0.0.0

6. 某主机的 IP 地址为 130.25.3.135，子网掩码为 255.255.255.192，那么该主机所在子网的网络号是哪个？（　　）

    A. 130.25.0.0　　　B. 130.25.3.0　　　C. 130.25.3.128　　　D. 130.25.3.64

7. 用前缀表示法表示子网掩码 255.255.240.0，应该是哪个？（　　）

    A. /17　　　　　　　B. /18　　　　　　　C. /19　　　　　　　D. /20

8. 对一个 B 类网络进行子网划分，如果子网掩码是 19 位，那么能够划分的子网个数是多少？（　　）

    A. 2^3-2　　　　　　B. 2^{19}　　　　　　C. 2^{13}　　　　　　D. 2^3

9. 对一个 C 类网络进行子网划分，如果子网掩码是 28 位，那么每个子网能够容纳的主机数是多少？（　　）

    A. 2^{28}　　　　　　B. 2^4　　　　　　C. $2^{28}-2$　　　　　　D. 2^4-2

10. 当计算机无法动态获取到 IP 地址时，Windows 操作系统会自动为其分配一个以（   ）开头的临时 IP 地址。

    A. 192.168   B. 172.16   C. 10.0   D. 169.254

11. IPv4 地址由网络位和主机位组成，并通过子网掩码来区分各自占据的长度，IPv6 地址中与之相对应的概念是以下哪一个选项？（   ）

    A. 网络位、主机位、网络长度   B. 前缀、接口标识符、前缀长度

    C. 前缀、接口标识符、网络长度   D. 网络 ID、主机 ID、前缀长度

二、多选题

1. 某网络管理员需要设置一个子网掩码将 C 类网络号 211.110.10.0/24 划分成最少 10 个子网，那么可以采用多少位的子网掩码来进行划分？（   ）

    A. 25   B. 26   C. 27

    D. 28   E. 29

2. 现有一个 C 类网络号 200.168.65.0/24，现要将该网络号划分成若干个子网，要求每个子网可使用的 IP 地址数量不少于 50 个，那么可以采用多少位的子网掩码进行划分？（   ）

    A. 25   B. 26   C. 27

    D. 28   E. 29

3. 以下哪些 IP 地址属于私有 IP 地址？（   ）

    A. 192.168.0.1   B. 10.1.1.1

    C. 172.15.0.1   D. 172.16.10.64

    E. 224.0.0.5

4. 以下哪些 IPv6 地址是合法的？（   ）

    A. 2000::4DF0   B. ABCD:41:9ACE:A0:0:C809:0:4590

    C. 12DE::410:0:1::45FF   D. ::

    E. ::1

5. 关于 IPv6 地址 2001:0410:0000:0001:0000:0000:0000:45FF 的压缩表示方式，下列哪些是正确的？（   ）

    A. 2001:410:0:1:0:0:0:45FF   B. 2001:41:0:1:0:0:0:45FF

    C. 2001:410:0:1::45FF   D. 2001:410::1:45FF

6. IPv6 地址有哪些类型？（   ）

    A. 单播   B. 组播   C. 广播   D. 任播

三、简答题

1. 简述对等网有哪些优缺点。

2. 常见的网络设备有哪些，各有何作用？

3. 192.168.1.30/27、192.168.1.31/27、192.168.1.32/27、192.168.1.33/27 这四个 IP 地址哪些能够分配给主机使用，为什么？

四、计算题

1. 现有一个 C 类网络号 192.168.1.0/24，需要将该网络号划分成多个子网供 6 个不同的部门使用（即每个部门占用一个子网）。请计算以下问题。

① 至少需要划分成多少个子网方可满足要求？

② 每一个子网可以容纳多少台主机，子网掩码是多少？

③ 分别列出前面 4 个子网的子网号、广播号及可用 IP 地址范围。

2. 现有一个 B 类网络号 172.20.0.0/16，现要将该网络号划分成多个子网供不同部门使用，要求每个部门可以使用的 IP 地址数量不少于 2 000 个。请计算以下问题。

① 每个子网实际可用 IP 地址数量是多少？

② 可以划分成多少个子网，子网掩码是多少？

③ 分别列出前面 4 个子网的子网号、广播号及可用 IP 地址范围。

项目四
配置和管理网络

04

任务一 **任务一** 安装 Windows Server 2016 操作系统

一、任务背景描述

XYZ 公司近几年的业务迅速发展，随着公司业务的拓展和规模的不断扩大，对网络的需求也不断提高，公司希望利用自己的计算机网络系统来实现内部计算机之间的通信、资源共享等，但原有的对等网模式已经不能满足当前的网络需求，公司希望以 C/S 网络模式更好地实现计算机之间的信息、软件和设备资源的共享及协同工作等。随着虚拟化技术的普及和流行，公司也准备将服务器虚拟化。为此，公司首先需要选择合适的网络操作系统并在虚拟机上搭建服务器。

二、相关知识

（一）虚拟化技术概述

1．虚拟化技术简介

（1）虚拟化的概念

虚拟化是一个广义的概念。在计算机领域，虚拟化技术（Virtualization Technology，VT）指的是通过管理控制程序在同一物理硬件之上生成多个可以运行独立操作系统的虚拟机（Virtual Machine，VM）实例。利用虚拟化技术，可以在一台计算机上同时运行多个逻辑计算机（虚拟机），每个逻辑计算机可运行不同的操作系统，每个操作系统都在相互独立的空间内运行而互不影响。

虚拟化技术最早出现在 20 世纪 60 年代的 IBM 大型机系统上，这项技术极大地提高了大型机的资源利用率。近年来随着集群、云计算、大数据的兴起，虚拟化技术在商业应用上的优势日益凸显出来，已逐渐深入到人们日常的工作与生活中，成为服务于各行各业的社会基础设施。虚拟化技术以使用软件的方式来重新定义和划分 IT 资源，可以实现物理资源的动态分配、灵活调度、跨域共享，从而提高了 IT 资源的利用率，降低了成本，增加了系统的可靠性、安全性、灵活性与扩展性，更好地满足了灵活多变的应用需求。

在虚拟化过程中，安装在物理机器上的操作系统称为 HostOS（宿主机操作系统），部署在宿主机上的管理控制程序称为虚拟机监视器（Virtual Machine Monitor，VMM）或 Hypervisor，VMM 隐藏了设备的实际物理特性，它为每个虚拟机模拟出一套独立的硬件设备，包括 CPU、内存、硬盘、显卡、网卡等，常见的 VMM 有 VMWare Workstation、VirtualBox 等。安装在虚拟机上的操作系统称为 GuestOS（客户机操作系统），最终用户的应用程序运行在客户机操作系统中。

（2）常用的虚拟化技术

目前常用的虚拟化技术主要有 Xen、KVM、OpenVZ、Hyper-V、VMware vSphere 五种。

① Xen

Xen 是由剑桥大学开发的一个开源项目，是一个直接运行在计算机硬件之上、用以代替操作系统的虚拟化技术。Xen 支持 x86、Power PC 和 ARM 等多种处理器，因此 Xen 可以在各种计算机设备上运行，目前支持 Linux、FreeBSD、Windows 等操作系统作为虚拟机的客户机操作系统。Xen 无须特殊硬件支持，就能达到高性能的虚拟化，其缺点是需要修改操作系统内核。基于 Xen 的虚拟化产品主要有三类：服务器虚拟化 XenServer、应用虚拟化 XenApp 和桌面虚拟化 XenDesktop。

② KVM

KVM 是由 Qumranet 公司开发的基于 Linux 内核的开源虚拟化技术，后来 Qumranet 公司被红帽（Red Hat）公司收购，红帽公司将 KVM 集成到自己的 Linux 系统中，并逐步放弃 Xen。KVM 最大的优点是它与 Linux 内核集成在一起，所以速度很快。KVM 的宿主机操作系统必须是 Linux，支持的客户机操作系统包括 Linux、Windows 和 UNIX 等。KVM 具有较强的灵活性和稳定性，它运行在 Linux 内核当中，其硬件支持情况取决于 Linux 操作系统本身对硬件的支持情况，目前的主流硬件均有对应的 Linux 驱动程序，这就决定了 KVM 可以在最广泛的硬件系统之上运行；缺点是其虚拟化过程需要硬件支持（如需要 Intel 公司的 VT-X 和 AMD 公司的 AMD-V 技术来支持 CPU 虚拟化）。

③ OpenVZ

OpenVZ 是基于 Linux 平台的操作系统级开源虚拟化技术，它是 SWsoft 公司开发的虚拟化服务器软件 Virutozzo 的内核。OpenVZ 的宿主机操作系统和客户机操作系统都必须是 Linux，它的虚拟化基于共用操作系统内核，虚拟机直接调用宿主机中的内核（即虚拟机和宿主机共用一个内核），而自身无须额外的虚拟化内核过程，因而消耗资源较少，可以在一台物理服务器上运行更多的虚拟机。因 OpenVZ 直接调用宿主机的内核，所以会导致部分软件无法使用及部分内核文件无法修改，且物理机的内核崩溃会导致所有虚拟机都崩溃。

④ Hyper-V

Hyper-V 是微软公司推出的服务器虚拟化技术，它与操作系统紧密结合，是从 Windows Server 2008 R2 操作系统开始附带的一个虚拟化组件，只要你购买了足够的 Windows 授权，Hyper-V 就可以免费使用。Hyper-V 可以将多个服务器整合成在单一物理服务器上运行的不同虚拟机，从而大大节省硬件资源，减少投资。Hyper-V 专为 Windows 操作系统定制，完美支持 Windows 操作系统，管理起来较为方便，虽然也支持 Linux 操作系统，不过性能损失比较严重。

⑤ VMware vSphere

VMware vSphere 是 VMware 公司推出的服务器拟化解决方案，它是虚拟化的鼻祖。VMware 公司是全球第一大虚拟机软件厂商，是全球范围内从桌面到数据中心虚拟化解决方案的领导厂商，在虚拟化和云计算基础架构领域处于全球领先地位。VMware 的虚拟化产品众多，包括面向个人桌面的 VMware Workstation、面向服务器的 VMware Server、面向数据中心和云计算的 VMware vSphere 等。VMware 的产品经过众多客户的检验，成熟性和稳定性好，其缺点是产品授权费用昂贵。

（3）常见的桌面虚拟化软件

常见的桌面虚拟化软件主要有：VMware Workstation、VirtualBox 和 Virtual PC。

① VMware Workstation

VMware Workstation 是 VMware 公司开发的一款功能强大的桌面虚拟化软件。VMware Workstation 可以在一台安装了 Windows 或 Linux 操作系统的 PC 上同时运行多个操作系统，它支持数百种客户机操作系统。VMware Workstation 的功能非常强大，让每一台虚拟机都可以运行自己的操作系统和应用程序，也可以在运行的多台虚拟机之间切换，甚至可以通过网卡将多台虚拟机连接成一个局域网或者将虚拟机接入真实物理网络。VMware Workstation 的克隆功能可以快速创建完全相同的虚拟机副本，从而节省时间和精力；其快照功能可以创建回滚点以便实时还原系统；VMware Tools 可大幅度提高虚拟机的鼠标、键盘、显示器及其他设备的性能，并能在虚拟机和物理机之间进行复制与移动操作。

② VirtualBox

VirtualBox 是 Sun 公司开发的免费开源软件，在 Sun 公司被 Oracle 公司收购后 VirtualBox 更名为 Oracle VM VirtualBox。VirtualBox 属于轻量级的虚拟化软件，简单易用，功能相对精简，但性能优异，它可以在安装了 Linux 和 Windows 操作系统的主机中运行，支持各种常见的客户机操作系统。与 VMware Workstation 一样，VirtualBox 也支持虚拟机克隆、磁盘快照、宿主机与客户机之间共享剪贴板等功能。

③ Virtual PC

Virtual PC 是微软公司的产品，它的兼容性很好，但只能运行在 Windows 平台下，并且其客户机操作系统只能是 Windows 操作系统。Virtual PC 作为微软公司产品，在 Windows 平台下使用非常方便，占用内存小，启动速度快。几乎所有的 Windows 操作系统都可以在 Virtual PC 软件上安装。

2. VMware Workstation 的使用

在做计算机网络实验（如网络共享、网络服务配置等）时，往往同时需要多台计算机来组建网络，计算机机房一般很难满足每人占用两台或多台计算机的要求。为此，我们可以通过在 Windows 操作系统中安装 VMware Workstation 来构建一个虚拟网络环境。VMware Workstation 可以在同一台计算机上虚拟出多台计算机，这些虚拟机就像真实机一样，拥有自己独立的 CPU、内存、硬盘、网卡等，我们可以在虚拟机上进行分区、格式化、安装操作系统和应用软件等，所有的这些操作都不会对真实机的硬盘分区和数据造成任何影响和破坏。

下面以在 VMware Workstation 15.5 上安装 Windows Server 2016 操作系统为例来讲解虚拟机的使用。

（1）创建 VMware 虚拟机

双击桌面的 VMware 图标，打开 VMware Workstation 主界面，单击界面中部的"创建新的虚拟机"（或单击主菜单中的"文件"→"新建虚拟机"），打开"新建虚拟机向导"窗口。在该窗口中，选中"典型（推荐）"单选项，以跳过一些不太重要的设置步骤，如图 4-1 所示。

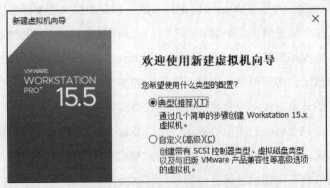

图 4-1　选择虚拟机的配置类型

在"安装客户机操作系统"窗口中，选择安装虚拟机操作系统的方式，此处我们选择"稍后安装操作系统"单选项，创建一个空白硬盘，如图 4-2 所示。

在"选择客户机操作系统"窗口中，选择虚拟机欲安装的操作系统类别及版本。VMware 可以虚拟 Windows、Linux 等各种操作系统，此处我们选择安装"Windows Server 2016"，如图 4-3 所示。

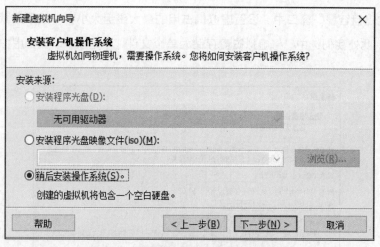

图 4-2　设置虚拟机操作系统的安装方式

图 4-3　设置虚拟机安装的操作系统

在"命名虚拟机"窗口中，设置虚拟机的名称及安装位置，可采用默认值，如图 4-4 所示。

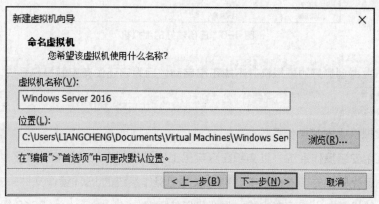

图 4-4　设置虚拟机的名称及安装位置

在"指定磁盘容量"窗口中，设置虚拟机占用的最大磁盘大小，一般采用默认值即可，如图 4-5 所示。此处我们选中"将虚拟磁盘存储为单个文件"单选项，以减少虚拟机产生的文件数量。

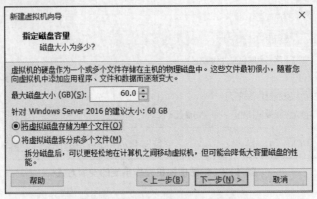

图 4-5　设置虚拟机占用的最大磁盘大小

最后，在"已准备好创建虚拟机"窗口中，列出了虚拟机的简要配置信息。单击"完成"按钮，虚拟机创建完毕，如图 4-6 所示。

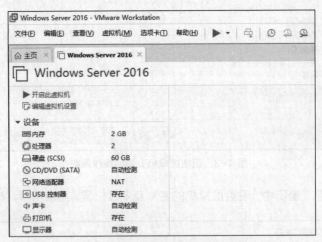

图 4-6　已创建好的虚拟机

注意　　此时创建好的虚拟机并不能正常启动，因为它还没有安装操作系统，只是一台"裸机"。

（2）在虚拟机中安装操作系统

在虚拟机中安装操作系统，其实和在真实机上安装操作系统并没有什么区别，在虚拟机中既可以使用物理光驱来安装操作系统，也可以使用操作系统的 ISO 镜像文件来安装操作系统。因为现在的计算机基本上都没有光驱，此处我们使用 Windows Server 2016 操作系统的 ISO 镜像文件来安装操作系统。

在图 4-6 所示窗口中，单击"设备"下的"CD/DVD（SATA）"选项，打开"虚拟机设置"窗口，选中右侧"连接"区域中的"使用 ISO 映像文件"单选项，并单击"浏览"按钮找到操作系统的 ISO 镜像文件，便可以将虚拟机设置成使用 ISO 镜像文件启动，如图 4-7 所示。

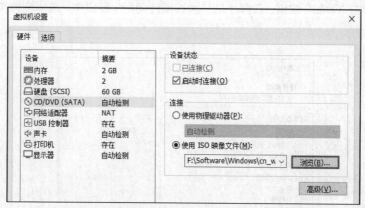

图 4-7　设置使用 ISO 镜像文件安装操作系统

单击"确定"按钮，回到图 4-6 所示界面，单击上部的"开启此虚拟机"选项，虚拟机即使用 ISO 镜像文件启动，随后进入操作系统的安装向导，此后的安装过程与真实机上的安装过程一样，此处不再赘述。

（3）修改虚拟机设置

在图 4-6 所示窗口中，单击"编辑虚拟机设置"选项（或在选项卡标签上右击，在弹出的快捷菜单中选择"设置"命令），修改虚拟机的设置，如修改内存大小、CPU 及内核数量、增加硬盘空间、增加虚拟网卡及更改网卡的网络连接模式等，如图 4-8 所示。

 注意　某些修改操作需要关闭虚拟机才能进行。

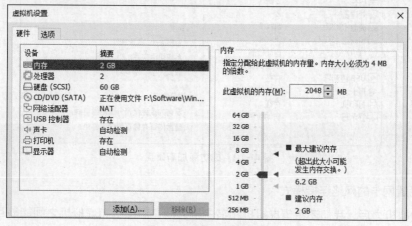

图 4-8　修改虚拟机设置

修改虚拟机的内存大小、CPU 数量、增加虚拟网卡等操作都比较简单，下面演示如何在虚拟机上添加硬盘。

若虚拟机在使用过程中磁盘空间不足，可另外添加一块新硬盘。在图 4-8 中所示的虚拟机设置窗口下部单击"添加"按钮，在弹出的"添加硬件向导"窗口中，选择硬件类型为"硬盘"，如图 4-9 所示。

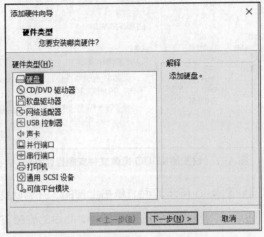

图 4-9 "添加硬件向导"窗口

单击"下一步"按钮，在"选择磁盘类型"和"选择磁盘"窗口采用默认值，在"指定磁盘容量"和"指定磁盘文件"窗口中分别设置新磁盘的容量大小和磁盘文件的名称，最后单击"完成"按钮，即成功添加一块新硬盘。图 4-10 显示添加了 30GB 的"新硬盘"。

图 4-10 成功添加新硬盘

（4）设置网卡的网络连接模式

创建虚拟机之后，我们还希望虚拟机和宿主机之间、虚拟机和虚拟机之间能够互相通信和联网，而虚拟网卡的不同连接模式会影响到虚拟机接入网络的方式。VMware 虚拟机的网卡有三种网络连接模式，分别是桥接模式、NAT 模式、仅主机模式，如图 4-11 所示。

图 4-11 虚拟网卡的网络连接模式

① 桥接（Bridged）模式

在桥接模式下，虚拟机就像是局域网中的一台独立主机，它的行为和真实机一样，可与局域网中的任何一台真实机及其他真实机上的虚拟机进行通信，也可以访问公网。若虚拟机和宿主机之间需要互相通信，就需要手动为双方配置 IP 地址并将其设置在同一网段。当然，如果物理网络提供了 DHCP 服务器，虚拟机也可以自动获得 IP 地址。如果我们想利用 VMware 在局域网内新建一台虚拟服务器为局域网内的用户提供网络服务，就应该选择桥接模式。

② NAT 模式

使用 NAT 模式，就是让虚拟机借助 NAT 技术，通过宿主机所在的网络来访问公网。也就是说，使用 NAT 模式可以实现虚拟机访问公网。在 NAT 模式下，虚拟机的 TCP/IP 配置信息是由 VMnet8（安装 VMware 之后在宿主机上产生的一块虚拟网卡）自带的 DHCP 服务来动态分配的。在 NAT 模式中，虚拟机无法和本局域网中的其他真实机进行通信，但虚拟机仍然可以和宿主机及本宿主机上的其他虚拟机通信。采用 NAT 模式的最大好处是虚拟机不需要进行任何配置就可以直接访问公网。

③ 仅主机（Host-only）模式

采用仅主机模式可以将真实环境和虚拟环境隔离开。在这种模式下，虚拟机和宿主机之间、虚拟机与本宿主机上的其他虚拟机之间可以互相通信，但虚拟机和真实网络是被分隔开的，虚拟机不能访问网络中的其他主机，也不能访问公网。在仅主机模式下，虚拟机的 TCP/IP 配置信息是由 VMnet1（安装 VMware 之后在宿主机上产生的另一块虚拟网卡）自带的 DHCP 服务来动态分配的。如果你想利用 VMware 创建一个与网络内其他主机相隔离的虚拟系统以进行某些特殊的测试（如计算机病毒实验），便可以选择仅主机模式。

（5）安装 VMware Tools

在虚拟机中安装完毕操作系统之后，还需要安装 VMware Tools。VMware Tools 相当于虚拟机的驱动程序，安装后可增强鼠标、键盘、虚拟显卡及硬盘性能，也只有安装了该工具，用户才能够在虚拟机与宿主机、虚拟机与虚拟机之间自由拖曳文件。

　　VMware Tools 的安装过程很简单，在"虚拟机"菜单中单击"安装 VMware Tools"开始安装，如图 4-12 所示。单击后若未启动安装过程，也可以在虚拟机中通过双击光盘来启动安装过程。安装完毕后需要重新启动虚拟机方可生效。

图 4-12　安装 VMware Tools

（6）快照管理

　　在安装操作系统和 VMware Tools 之后，可以给虚拟机拍摄一个快照（相当于给虚拟机做备份），当虚拟机被破坏或想恢复到初始状态时，可以从快照中快速恢复虚拟系统。当然，也可以在虚拟系统任意运行时刻拍摄快照，以便保存系统的运行状态。快照管理如图 4-13 所示，单击图中所示的"拍摄快照"菜单可制作一个快照，单击"快照管理器"菜单可以显示、克隆或删除快照。

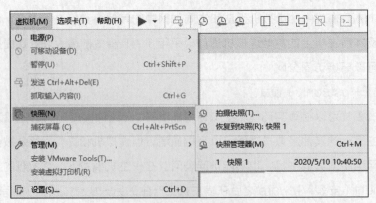

图 4-13　快照管理

（7）克隆虚拟机

　　在虚拟机上安装客户机操作系统非常耗费时间，若需要多台相同操作系统的虚拟机，可将安装好操作系统的虚拟机作为源，克隆出一个新的虚拟机，克隆的新虚拟机与源虚拟机完全一致，但它们之间相互独立，互不影响，从而节约安装操作系统的时间。

克隆虚拟机的步骤：在主菜单中依次单击"虚拟机"→"管理"→"克隆"，打开"克隆虚拟机向导"窗口，在克隆源中选择克隆"虚拟机中的当前状态"，"克隆类型"界面提供了两种克隆方法：链接克隆和完整克隆，如图 4-14 所示。链接克隆共享源虚拟机的磁盘文件，因而占用的空间较少，但必须保证源虚拟机可用，否则克隆出的新虚拟机无法使用；完整克隆占用空间较多，克隆出的新虚拟机与源虚拟机完全独立，互不影响。建议选择完整克隆。

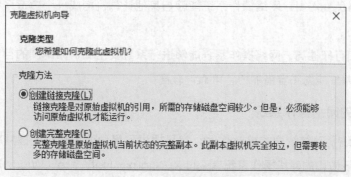

图 4-14　克隆虚拟机向导

（8）其他

若要让 VMware 虚拟机控制鼠标和键盘，可在虚拟机内部任意位置单击一下；若要回到宿主机，可按 Ctrl+Alt 组合键。另外，按 Ctrl+Alt+PrtScr 组合键可对虚拟机截屏，按 Ctrl+Alt+Enter 组合键可让虚拟机进入/退出全屏状态。

> **注意**　　不要在虚拟机中使用 Ctrl+Alt+Delete 组合键，因为宿主机和虚拟机均会对该组合键做出反应，在虚拟机中应使用 Ctrl+Alt+Insert 组合键来代替 Ctrl+Alt+Delete 组合键。

（二）网络操作系统概述

1. 网络操作系统的定义

网络操作系统是在网络环境下实现对网络资源的管理和控制的操作系统，它是用户与计算机网络之间的接口，是构建计算机网络的系统软件，在计算机系统中具有核心与基础的地位。网络操作系统的任务是支持网络的通信及资源共享，为用户提供所需的各种网络服务并保证数据与资源的安全性。网络操作系统与普通的桌面操作系统不同之处在于，它除了具有桌面操作系统的处理机管理、存储器管理、设备管理和文件管理功能外，还提供高效、可靠的网络通信能力和多种网络服务功能，如文件存储与传输、资源共享、电子邮件、远程打印、网页服务等。

2. 网络操作系统的特点

网络操作系统的功能相当强大，通常具有复杂性、并行性、高效性和安全性等特性，其主要特点概括如下。

① 支持多任务。网络操作系统在同一时间能够处理多个应用程序的请求，提供对多用户协同工作的支持。

② 支持大内存。网络操作系统支持较大的物理内存，以便应用程序能够更好更快地运行。

③ 支持对称多处理。网络操作系统支持多处理器内核以减少事务处理时间，提高计算机系统的性能。

④ 支持网络负载均衡。网络操作系统能够与其他计算机构成一个虚拟系统，满足多用户同时访问的需要。

⑤ 安全性和可靠性高。网络操作系统能够进行系统安全保护和用户的存取权限控制；同时它具有很高的聚集能力和容错能力，可靠性较高。

（三）常见的网络操作系统

网络操作系统是网络管理的核心软件，它是提供网络通信功能和管理共享资源的系统软件。目前得到广泛应用的网络操作系统有 UNIX、Linux、NetWare、Windows Server 等。

（1）UNIX

UNIX 是美国贝尔实验室开发的一种多用户、多任务的操作系统，它是一个通用的、具有交互作用的分时系统，以其良好的网络管理功能而著称。UNIX 操作系统多用于大型的网站或大型企事业的局域网，因为它提供了完善的 TCP/IP 协议支持，而且非常稳定和安全。UNIX 操作系统具有可靠性高、网络功能强大、开放性好等特点，其缺点是系统过于庞大、复杂，操作多以命令方式进行，一般用户很难掌握。

（2）Linux

Linux 是一个"类 UNIX"操作系统，最早由芬兰赫尔辛基大学的一名学生开发，它是自由软件（源代码开放软件），用户可以免费获得并使用。Linux 操作系统的发行版本众多，主流版本包括 RedHat Enterprise Linux、CentOS、Ubuntu、openSUSE、Fedora、Debian、FreeBSD 等。Linux 操作系统的特点包括免费、较低的系统资源需求、广泛的硬件支持、极强的网络功能和极高的稳定性与安全性等，而且其源代码开放，降低了用户对潜在安全性的担忧，这使得 Linux 操作系统在高端服务器市场（如超级计算机）拥有绝对优势。相对于 Windows 操作系统来说，Linux 操作系统的支持软件较少，且操作主要通过命令行方式进行，易用性较差。

（3）NetWare

NetWare 是 Novell 公司推出的网络操作系统，是第一个实现计算机之间文件共享的非 UNIX 操作系统。NetWare 操作系统是基于基本模块设计思想的开放式系统结构，可以方便地进行扩充，这是它最重要的特征。NetWare 操作系统主要使用 IPX/SPX 协议进行通信，具有强大的文件和打印服务功能、良好的兼容性及容错功能、完备的安全措施等特点。缺点是网络管理比较复杂，要求管理员熟悉众多的管理命令和操作，易用性较差。

（4）Windows Server

Windows Server 系列操作系统由微软公司开发，是中小型局域网中最常见的网络操作系统。微软公司的网络操作系统主要有 Windows NT Server、Windows 2000 Server、Windows Server 2003/2008/2012/2016 等。Windows Server 操作系统拥有直观、高效、友好的图形化用户界面，操作简单、易学易用，故在中小型企业的网络操作系统中占有较大优势。与 Linux 操作系统相比，Windows Server 操作系统对服务器的硬件配置要求较高，且稳定性不是很好，所以一般用在中低档服务器中。

（四）Windows Server 2016 操作系统的版本及特点

Windows Server 2016 操作系统是微软公司在 2016 年 10 月 13 日发布的服务器操作系统，是微软公司的第 6 个 Windows Server 操作系统版本，可以将其看作是 Windows 10 操作系统的服务器版。与以前版本不同的是，这款操作系统是依据处理器的核心数，而不是处理器的数量进行授权的。

Windows Server 2016 操作系统仅支持 64 位系统，包括 Windows Server 2016 Essentials（基础版）、Windows Server 2016 Standard（标准版）、Windows Server 2016 Datacenter（数据中心版）、Windows Storage Server 2016 和 Microsoft Hyper-V Server 2016 等版本。其中，最常见的是标准版和数据中心版，每个版本都有"桌面体验"和"服务器核心"（Server Core，即不带桌面体验）两个安装选项："桌面体验"选项包括标准图形用户界面和所有工具，"服务器核心"选项不包括传统的图形用户界面，只包括必要的服务和应用程序，需要通过命令行的方式来进行配置。与"服务器核心"选项相比，"桌面体验"选项需要更多的磁盘空间，具有更高的服务要求。

（1）标准版（Standard）

Windows Server 2016 Standard 操作系统是为具有很少或没有虚拟化的物理服务器环境而设计的。它提供了 Windows Server 2016 操作系统可用的许多角色和功能。此版本最多支持 64 个插槽和 4TB 的 RAM。它包括最多两个虚拟机的许可证，并且支持安装 Nano 服务器。

（2）数据中心版（Datacenter）

Windows Server 2016 Datacenter 操作系统专为高度虚拟化的基础架构而设计，包括私有云和混合云环境。它提供 Windows Server 2016 操作系统可用的所有角色和功能。此版本操作系统最多支持 64 个插槽、640 个处理器内核和 4TB 的 RAM。它为在相同硬件上运行的虚拟机提供了无限个基于虚拟机的许可证。它还包括许多新功能，如存储空间直通和存储副本，以及新的受防护的虚拟机和软件定义的数据中心场景所需的功能。

三、任务实施

（一）任务分析

Windows Server 2016 操作系统常用的版本有标准版和数据中心版。一般来说，普通企业使用标准版，特大型企业使用数据中心版。根据 XYZ 公司的实际情况，本次选择安装 Windows Server 2016 Standard 操作系统。

1. Windows Server 2016 操作系统的安装要求

安装 Windows Server 2016 操作系统对计算机硬件配置有一定要求，其最低硬件配置要求如表 4-1 所示。

表 4-1　安装 Windows Server 2016 操作系统的最低硬件配置要求

硬件	要求
处理器	1.4GHz 64 位处理器
内存	512MB（如果选择"桌面体验"选项，内存则为 2GB）
硬盘空间	可用磁盘空间最少 32GB 以上 注意：对于通过网络安装操作系统或内存超过 16GB 的计算机，系统分区还需要更多的额外磁盘空间
网卡	至少配备吉比特以太网适配器
显示器	支持 Super VGA（1 024 像素×768 像素）或更高分辨率的图形设备和监视器
其他	DVD-ROM（如果通过光盘安装操作系统）、键盘和鼠标、Internet 访问

2. Windows Server 2016 操作系统的安装方式

Windows Server 2016 操作系统可以采用多种安装方式，常见的安装方式有以下三种。

① 全新安装：使用光盘启动计算机进行安装是最普遍也是最稳妥的安装方式，只要在 BIOS 中将安装方式设置成通过 DVD-ROM 启动，便可以直接通过 Windows Server 安装光盘启动计算机来安装操作系统。当然，也可以提前将安装文件复制到硬盘或 U 盘中再进行安装，这样安装速度会更快一些。

② 升级安装：如果计算机原先安装的是 Windows Server 2008/2012 等操作系统，则可以直接升级成 Windows Server 2016 操作系统。这种安装方式不需要卸载原系统，只要在原系统基础上直接进行升级安装即可。升级安装后可以保留原来的配置，大大减少对新系统的重新配置时间。

③ 网络安装（远程安装）：Windows Server 2016 操作系统与先前版本的服务器操作系统一样，也支持通过网络从 Windows 部署服务器远程安装操作系统，并且可以通过应答文件实现无人值守安装。

（二）设备

本任务使用普通计算机代替服务器，故要求计算机的配置要稍微高一点。实施任务时先在 Windows 计算机上安装 VMware Workstation，再创建 VMware 虚拟机，最后在虚拟机上安装 Windows Server 2016 操作系统。

（三）实施步骤

实施任务时请首先确认计算机上已安装 VMware Workstation，并准备好 Windows Server 2016 操作系统的 ISO 镜像文件。若没有操作系统的镜像文件，可以访问网站 https://msdn.itellyou.cn/，下载对应的 ISO 镜像文件，如图 4-15 所示。

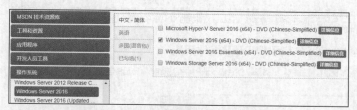

图 4-15 下载操作系统的 ISO 镜像文件

1. 创建 VMware 虚拟机

打开 VMware Workstation（此处以 15.5 版本为例），在 VMware 上创建一台 Windows Server 2016 虚拟机。虚拟机的创建过程详见相关知识（一）中"VMware Workstation 的使用"，此处不再赘述。

创建 VMware
虚拟机

2. 在 VMware 虚拟机上安装 Windows Server 2016 操作系统

在创建好的虚拟机标签上单击"编辑虚拟机设置"选项，打开"虚拟机设置"窗口，选择硬件"CD/DVD（SATA）"，在窗口右侧"连接"区域选中"使用 ISO 映像文件"单选项，并通过单击"浏览"按钮添加 Windows Server 2016 操作系统的 ISO 镜像文件，如图 4-16 所示。回到虚拟机主窗口后，单击"开启此虚拟机"选项，启动进入 Windows Server 2016 操作系统的安装过程。

在 VMware 上安装
Windows Server
2016 操作系统

图 4-16 添加 ISO 镜像文件

在屏幕上出现 "Press any key to boot from CD or DVD......" 提示后，快速按下任意键后计算机会从镜像文件中读取引导信息并加载文件，随后进入安装向导，显示 "Windows 安装程序" 窗口。首先要求设置语言、时间及货币格式、键盘及输入法等选项，一般采用默认值即可。单击 "下一步" 按钮，在窗口中部单击 "现在安装" 按钮，安装程序开始启动。稍后出现 "激活 Windows" 窗口，输入购买的产品密钥以激活 Windows，也可以选择 "我没有产品密钥"，安装完成后再激活 Windows，如图 4-17 所示。

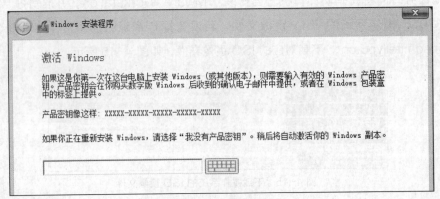

图 4-17　输入产品密钥

在 "选择要安装的操作系统" 窗口的列表中选择欲安装的操作系统版本及安装选项，如图 4-18 所示。此处建议选择 "Windows Server 2016 Standard（桌面体验）" 选项，若不选择桌面体验版，安装完成后操作系统就没有图形化界面，到时只能通过命令行或远程方式来管理服务器。

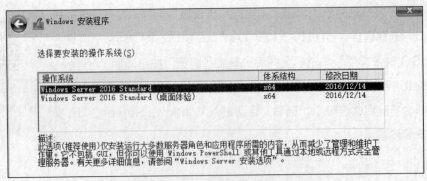

图 4-18　选择操作系统的版本及安装选项

选定操作系统的版本及安装选项后，出现 "适用的声明和许可条款" 窗口，选中 "我接受许可条款" 选项。

在 "你想执行哪种类型的安装？" 窗口中，选择系统的安装类型，如图 4-19 所示。若是从旧版本操作系统升级到 Windows Server 2016 操作系统，选择升级安装，此种方式会保留原系统的文件、程序及设置；若是全新安装，请选择 "自定义：仅安装 Windows（高级）" 选项，此种安装方式会破坏 C 盘上的所有数据，请提前将 C 盘（含桌面）上的重要文件移动至其他分区。此处我们选择自定义安装。

图 4-19　选择安装类型

在"你想将 Windows 安装在哪里？"窗口中，选择要安装 Windows Server 2016 操作系统的磁盘和分区，如图 4-20 所示。我们习惯将操作系统安装在 C 盘，选择"驱动器 0 未分配的空间"选项后单击"新建"按钮（驱动器 0 表示第一块硬盘），在"大小"对话框中输入 C 盘的空间大小，然后单击"应用"按钮，即可在驱动器 0 上生成 C 盘空间。按同样的操作处理剩余的磁盘空间，可生成 D 盘、E 盘等。若要重新调整分区大小，同样可以通过"删除"和"新建"按钮来完成。

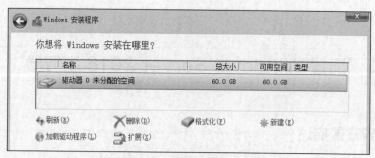

图 4-20　选择安装系统的磁盘和分区

选定好安装操作系统的磁盘分区后，开始进行安装，并显示安装程序的进度，如图 4-21 所示。在虚拟机上安装 Windows Server 2016 操作系统大约需要 20 分钟，具体时长与宿主机的物理磁盘读写速度有关。

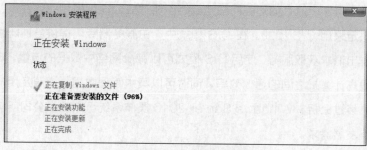

图 4-21　安装操作系统

　　操作系统安装完成后，第一次登录操作系统时需要为管理员（Administrator）账号设置密码，如图 4-22 所示。密码必须符合复杂性要求，即使用大写字母、小写字母、数字和特殊符号这四类中的至少三类来组成密码字符，且长度不少于 6 位。

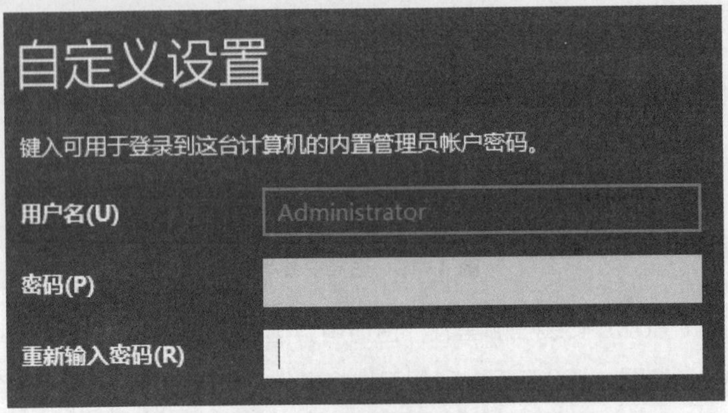

图 4-22　设置管理员密码

　　管理员密码设置成功后，随后出现操作系统被锁定的图像，根据提示按下 Ctrl+Alt+Delete 组合键（虚拟机用 Ctrl+Alt+Insert 组合键来代替），进入登录界面，输入正确的登录密码后，操作系统准备用户配置及桌面，并自动打开"服务器管理器"窗口，至此 Windows Server 2016 操作系统安装完毕。

任务二　配置 Windows Server 2016 服务器

一、任务背景描述

　　通过对 XYZ 公司现有网络的分析，存在的问题是：需要连接网络的客户端越来越多，还有不少移动设备，目前手动配置静态 IP 地址的方式已无法适应公司的管理现状；为了宣传公司形象、开拓线上市场，公司需要有自己的网站 http://www.xyz.com；随着业务量的剧增，公司内部希望能有一个高速、可靠的资源共享平台。

　　根据以上需求可知，原有的对等网模式已经不能适应公司规模和业务发展，为了满足公司当前的需求，决定采用 C/S 模式。在 C/S 模式中，由服务器专门提供各种网络服务，客户机通过向服务器发出请求获取服务。使用 C/S 模式可以减少网络中数据的流量，降低计算机之间通信的频率，提高计算机之间的通信效率，同时可以集中管理数据、资源及用户权限，提高了系统的安全性。经过分析，Windows Server 2016 操作系统可以提供公司所需的各种网络服务，满足其网络发展需求。

二、相关知识

（一）DHCP 服务

一台计算机（客户端）要接入到 Internet，必须具备 IP 地址/子网掩码、网关、DNS 服务器等 TCP/IP 参数，这些参数可由管理员手动设置。但是，如果计算机数量比较多，手动设置 TCP/IP 参数的工作量就非常大，而且可能导致设置错误或者 IP 地址冲突。采用 DHCP 服务器来自动为客户端分配 TCP/IP 参数，可以大大减轻管理员的劳动强度，并且确保每台计算机能够得到一个合适的且不会冲突的 IP 地址。自动分配 IP 地址相对于手动配置 IP 地址的优点如表 4-2 所示。

表 4-2　手动设置 IP 地址与自动分配 IP 地址的比较

手动设置	自动分配
IP 地址及其他参数由管理员手动设置	IP 地址及其他参数由 DHCP 服务器动态分配
手动设置容易导致设置错误	自动分配可以避免设置错误
容易导致 IP 地址冲突	可以避免 IP 地址冲突
每个客户端固定设置一个 IP 地址	客户端动态获取 IP 地址，可以提高 IP 地址的利用率
如果需要更改 IP 地址参数时，必须在每个客户端上一一手动更改	如果需要更改 IP 地址参数时，在服务器的配置选项中统一修改，客户端可不做任何更改
客户端在不同位置移动时，需要手动修改 IP 地址参数	客户端的 IP 地址参数可自动更新，无须人工干预

DHCP 即动态主机配置协议（Dynamic Host Configuration Protocol），它可以为网络中的客户端自动分配 IP 地址及其他参数（默认网关、DNS 服务器等）。DHCP 提供了安全、可靠、便捷的 TCP/IP 参数配置，并能有效避免地址冲突。DHCP 使用 C/S 模式，通过这种模式，DHCP 服务器可以集中管理 IP 地址，而支持 DHCP 的客户端可以自动向 DHCP 服务器请求和租用 IP 地址。

DHCP 工作时要求客户端和服务器进行交互，由客户端通过广播方式向服务器发起申请 IP 地址的请求，然后由服务器给客户端分配一个合适的 IP 地址及其他配置参数。DHCP 的工作流程大致分为以下 4 个阶段，如图 4-23 所示。

① IP 地址租用申请：当 DHCP 客户端接入网络后发现自己没有 IP 地址，便会自动进行 IP 地址申请。此时由于 DHCP 客户端并不知道 DHCP 服务器的 IP 地址，它便使用广播方式发送 DHCP 请求报文，广播报文中包括了 DHCP 客户端的 MAC 地址，以方便 DHCP 服务器向 DHCP 客户端回复消息。

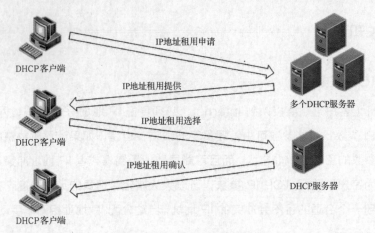

图 4-23 DHCP 的工作流程

② IP 地址租用提供：当接收到 DHCP 客户端的广播报文之后，网络中的所有 DHCP 服务器均会做出响应，从自己尚未分配出去的 IP 地址中挑选出一个合适的 IP 地址，并将此 IP 地址连同网关、DNS 服务器、租用期限等信息，按照先前 DHCP 客户端提供的 MAC 地址发回给 DHCP 客户端。因此，在这个过程中 DHCP 客户端可能会收到多个 IP 地址提供信息。

③ IP 地址租用选择：由于 DHCP 客户端可能会接收到多个 DHCP 服务器发回的 IP 地址提供信息，DHCP 客户端将从中选择一个 IP 地址（一般是选择最先收到的 IP 地址），同时拒绝其他 DHCP 服务器提供的 IP 地址。然后，DHCP 客户端将以广播方式向它选中的 DHCP 服务器发送租用选择报文。之所以要以广播方式发送报文，是为了通知所有的 DHCP 服务器，它将选择某台服务器提供的 IP 地址，以便其他 DHCP 服务器收向它提供的 IP 地址。

④ IP 地址租用确认：被选中的 DHCP 服务器收到 DHCP 客户端的选择信息后将向其回应一个租用确认报文，将这个 IP 地址真正分配给 DHCP 客户端。DHCP 客户端就可以使用这个 IP 地址及其他参数来设置自己的网络配置信息。

DHCP 服务器分配给 DHCP 客户端的 IP 地址是有一定租期的，若租期到期，DHCP 服务器将回收这个 IP 地址，并将其重新分配给其他 DHCP 客户端，因此每个 DHCP 客户端都应该提前续租它已经使用的 IP 地址。DHCP 客户端发送续租请求，DHCP 服务器将回应 DHCP 客户端的请求并更新 IP 地址的租期。一旦 DHCP 服务器不响应更新请求或返回不能续租的信息，那么 DHCP 客户端只能在租期到达时放弃原有的 IP 地址。当然 DHCP 客户端也可以主动提前释放自己的 IP 地址。

（二）DNS 服务

1. DNS 概述

连接到 Internet 的每个设备都有一个唯一的 IP 地址，其他计算机可以通过 IP 地址来访问对应设备。但在实际生活中，用户很少直接使用 IP 地址来访问网络资源，这主要是因为 IP 地址既不方便记忆，也不直观，而且容易出错，因此人们通常使用熟悉又方便记忆的计算机名称来访问网络资源，如 baidu、taobao、qq 等，但计算机在网络上通信时不能识别这些由字符组成的名称，它只能识别如 200.135.178.65 这类由数字组成的 IP 地址，为此网络中就需要有很多服务器来将计算机名称转换为 IP 地址，以便实现通过计算机名称来访问网络的目的。

DNS 是域名系统（Domain Name System）的缩写，是一种组织成层次结构的网络服务命名系统，用于实现计算机名称与 IP 地址之间的互相转换。DNS 允许用户使用分层次且方便记忆的名称（如 www.baidu.com）来代替枯燥而难记的 IP 地址（如 123.235. 200.198），方便定位网络中的计算机和其他资源。这个方便用户记忆的名称，我们称之为域名。域名由若干部分组成，各部分之间用西文点号(.)分开，如 www.xyz.com。域名前加上传输协议信息及主机类型信息就构成了统一资源定位地址（Uniform Resource Locator，URL），如 http://www.xyz.com。域名具有唯一性，在全世界范围内不能重复。

DNS 域名由若干个层次化的域构成，它是一个分层树状结构的域命名空间。树状结构的最上层是根域，一般用西文点号（.）来表示，根域下是顶级域名，顶级域名有两种划分方法：按地理区域划分和按机构分类划分。地理区域域名是为每个国家或地区所设置的，如中国是 cn，美国是 us，日本是 jp 等。机构分类域名定义了不同的机构类型，主要包括 com、edu、gov 等，详见表 4-3。

表 4-3　常见的机构分类域名及其说明

机构分类域名	说明
com	商业机构
net	网络服务机构
edu	教育、学术研究机构
gov	政府部门
org	非营利性组织
mil	国防与军事部门
info	适用于所有用途

顶级域名下是二级域名，根据顶级域名的不同类型，二级域名也有两种情况：若顶级域名按机构分类，二级域名一般是公司或组织名称，如顶级域名 com 下设立了 qq、sina、baidu 等二级域名；若顶级域名按地理区域分类，二级域名一般按机构分类，如在中国的顶级域名 cn 下又设立了 com、edu、gov 等按机构分类的二级域名。在二级域名的下面是三级域名，三级域名是公司或组织自行创建的域名（如 tech、sports 等），或者是公司或组织的名称（如 ynjtc、ynu 等）。以此类推，三级域名下面可能还有四级域名、五级域名、六级域名等。主机是域名命名空间中的最下一层，一般标识服务器的类型，如 www 表示网页服务器，ftp 表示文件服务器等。

一个完整的域名由从树叶到树根的各节点域依次连接而成，节点间用"."隔开。图 4-24 所示的 "www.ynjtc.edu.cn." 就是一个完整的域名[最右侧表示根域的西文点号（.）可以省略]。完全合格域名（Full Qualified Domain Name，FQDN）有严格的命名限制，只允许使用字符 a~z、0~9、A~Z 和连接符(-)，西文点号(.)只允许在域之间（如"www.xyz.com"）或者域名的结尾使用。域名不区分大小写。

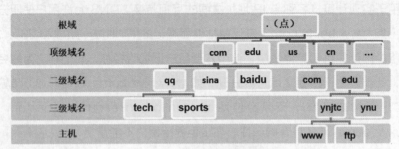

图 4-24　DNS 的域名结构

2. DNS 域名查询方式

DNS 被设计成一个联机分布式数据库系统，域名到 IP 地址的解析可以由若干台服务器共同完成。每个 DNS 服务器不但自己能够进行某些域名的解析，而且还具有指向其他 DNS 服务器的信息，如果本 DNS 服务器不能完成解析，则将解析工作交给自身所指向的其他 DNS 服务器。因此，DNS 域名查询有两种方式：递归查询和迭代查询。

（1）递归查询

当收到客户端的域名查询请求后，本地 DNS 服务器在自己的缓存或数据库中查找域名，如找到则返回查询结果；如找不到，则本地 DNS 服务器将以客户端的身份继续向其他 DNS 服务器查询（即本地 DNS 服务器代替客户端继续查询，而不是让客户端自己进行下一步查询），直到查询到域名解析结果。本地 DNS 服务器会把最终查询结果返回给客户端，返回结果可以是域名对应的 IP 地址或者该域名无法解析。一般客户端与 DNS 服务器之间的查询属于递归查询。

（2）迭代查询

当网络中的第 1 台 DNS 服务器向第 2 台 DNS 服务器发出域名查询请求后,若第 2 台 DNS 服务器上没有相应记录，它会向第 1 台 DNS 服务器提供一个可能知道结果的第 3 台 DNS 服务器的地址，由第 1 台服务器自行向第 3 台 DNS 服务器查询；若第 3 台 DNS 服务器上也没有相应记录，它同样会向第 1 台服务器提供一个可能知道结果的第 4 台 DNS 服务器的地址，然后再由第 1 台服务器向第 4 台 DNS 服务器查询。以此类推，这个过程会一直持续下去，直到查询到所需结果为止。一般 DNS 服务器与 DNS 服务器之间的查询属于迭代查询。

（三）Web 服务

在微软公司的 Windows Server 操作系统中，主要使用 IIS（Internet Information

Services，Internet 信息服务）来完成 Web 服务器的功能，IIS 包括 HTTP/HTTPS 服务器、FTP 服务器、NNTP 服务器和 SMTP 服务器，分别用于网页浏览、文件传输、新闻组和电子邮件发送等服务。在 Windows Server 2016 操作系统中，集成了最新版的 IIS 10。

众所周知，现在 Web（网页）程序已经成为网络上最广泛的应用，是人们在线获取信息、沟通交流、休闲娱乐的主要方式。同时由于 Web 程序具有许多良好的特性，如跨平台、便于升级、兼容性好等，在企业级系统中也有广泛的应用。那么用户是如何通过浏览器来使用这些 Web 程序的呢？

Web 程序开发完成后会被发布到 Web 服务器上。Web 服务器与用户浏览器之间主要通过 HTTP/HTTPS 协议建立 TCP 连接，然后用户浏览器向 Web 服务器请求其需要的 Web 文件，Web 服务器响应浏览器的请求，在 Web 服务器上找到用户所请求的 Web 文件后，把该文件发送给用户浏览器，用户浏览器把该文件解析、渲染完毕后呈现给终端用户，最后断开 TCP 连接，如图 4-25 所示。

图 4-25 终端用户请求 Web 文件的流程

（四）FTP 服务

FTP 的全称是 File Transfer Protocol（文件传输协议），它是网络上用来传输文件的应用层协议。用户可以通过 FTP 登录 FTP 服务器，查看 FTP 服务器上的共享文件，并可以把文件从 FTP 服务器下载到本地主机，或者把本地主机的文件上传到 FTP 服务器。FTP 承载在 TCP 协议之上，拥有丰富的命令集，支持对登录用户进行身份验证，并且可以给不同用户设定不同的访问权限。

FTP 采用 C/S 模式，用户通过一个支持 FTP 的客户端程序，连接到远端的 FTP 服务器。用户通过客户端程序向 FTP 服务器发出命令，FTP 服务器执行用户命令，并将执行结果返回给客户端。

通过 FTP 传输文件时，FTP 服务器与客户端之间会建立两个 TCP 连接：FTP 控制连接和 FTP 数据连接。FTP 控制连接负责在客户端与 FTP 服务器之间交互 FTP 控制命令和应答信息，在整个 FTP 会话过程中一直保持打开状态；FTP 数据连接负责在客户端与 FTP 服务器之间传输文件和目录，仅在需要传输数据时才建立数据连接，数据传输完毕后会立即终止数据连接。

三、任务实施

（一）任务分析

XYZ 公司需要多台服务器，为了节约成本，提高设备的利用率，可在物理服务器上安装 VMware Workstation，再由 VMware Workstation 虚拟出多台服务器。为了满足公司的业务需求，配置 DHCP 服务器可解决手动分配 IP 地址工作量大、费时费力的问题；配置 Web 服务器可以发布公司的网页，宣传产品和展示公司形象；搭建 FTP 服务器可为公司内部提供安全高效的资源共享平台。同时，为了通过域名来访问服务器，还需要配置 DNS 服务器来提供内外部的域名解析。

（二）网络拓扑结构

本任务中配置了 DHCP、DNS、WWW、FTP 等服务，服务器可以通过企业内网向用户提供各种网络服务，其网络拓扑结构如图 4-26 所示。

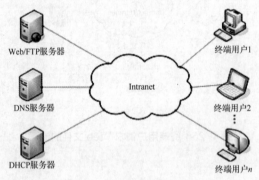

图 4-26　公司内部网络拓扑结构

（三）设备

在实验室环境下，可在一台安装了 Windows 操作系统的物理计算机上安装 VMware Workstation，然后创建一台 Windows 10 虚拟机作为客户端、若干台 Windows Server 2016 虚拟机作为服务器来进行任务。若物理计算机配置不高，也可以只创建一台 Windows Server 2016 虚拟机并将所有网络服务安装在该虚拟机上。

为了避免任务受到外部环境的影响，建议在任务实施过程中将所有 VMware 虚拟机的网卡的网络连接模式设为仅主机模式。

（四）实施步骤

1. 安装和配置 DHCP 服务器

（1）安装 DHCP 服务器

在安装 DHCP 服务器之前，请一定确保 DHCP 服务器已经配置静态 IP

安装 DHCP 服务器

地址，我们将该 DHCP 服务器的 IP 地址设置为 192.168.100.1/24，如图 4-27 所示。

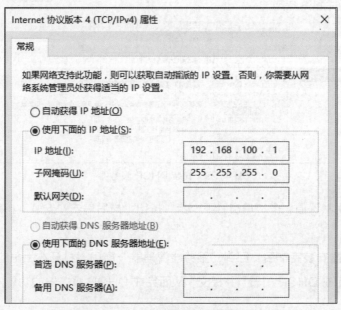

图 4-27　给 DHCP 服务器配置静态 IP 地址

以管理员身份登录 Windows Server 2016 操作系统，单击"开始"→"服务器管理器"，打开"服务器管理器"窗口，如图 4-28 所示。

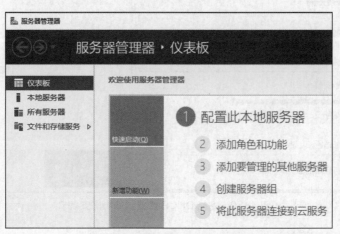

图 4-28　"服务器管理器"窗口

单击窗口左侧的"仪表板"，选择右侧的"添加角色和功能"，启动添加角色和功能向导。依次在"选择安装类型"窗口中选择"基于角色或基于功能的安装"选项、在"选择目标服务器"窗口中选择"从服务器池中选择服务器"选项（即这两项均采用默认设置）。接下来在"选择服务器角色"窗口中勾选"DHCP 服务器"选项，如图 4-29 所示。

图 4-29　安装 DHCP 服务器

余下步骤采用默认值，多次单击"下一步"按钮，最后单击"安装"按钮，开始 DHCP 服务器的安装。

DHCP 服务器安装完毕后，回到"服务器管理器"窗口，打开右上角的"通知"消息，单击消息中的"完成 DHCP 配置"并提交，从而完成 DHCP 服务器的功能安装，如图 4-30 所示。

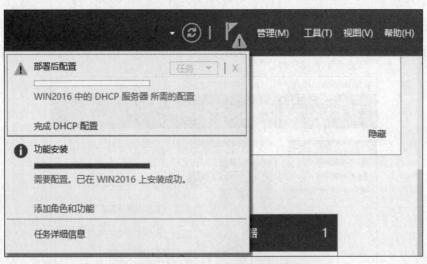

图 4-30　完成 DHCP 服务器的功能安装

（2）配置 DHCP 服务器

作用域（Scope）是指分配给客户端的 IP 地址范围及其他相关参数（默认网关、DNS 服务器等）。为了让客户端可以从 DHCP 服务器上动态获取 TCP/IP 配置信息，首先必须在 DHCP 服务器上创建作用域并将其激活。根据实际需要，可以在一台 DHCP 服务器上创建一个或多个作用域，但每个作用域只能指定一个网段的 IP 地址。在作用域中可以排除一个或一组特定的 IP 地址。

配置 DHCP 服务器

① 新建作用域

在"服务器管理器"窗口中，单击右上角的菜单"工具"→"DHCP"（或单击"开始"→"Windows 管理工具"→"DHCP"），打开"DHCP"窗口。将左侧窗格的服务器名称展开，右击"IPv4"节点，在弹出的快捷菜单中选择"新建作用域"，如图 4-31 所示。打开"新建作用域向导"窗口。

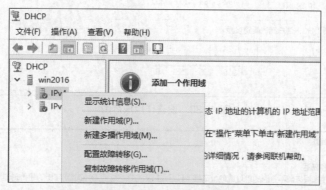

图 4-31　选择"新建作用域"

在"作用域名称"窗口中输入作用域的名称。作用域名称可以帮助我们快速识别该作用域以方便管理，如图 4-32 所示。

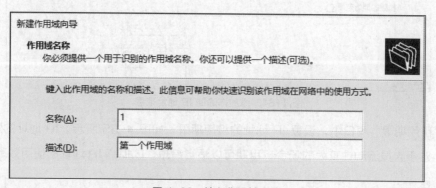

图 4-32　输入作用域名称

在"IP 地址范围"窗口中，设置作用域的地址分配范围，如图 4-33 所示。此处设置作用域的地址分配范围是 192.168.100.1～192.168.100.200，子网掩码 255.255.255.0。

> **注意**　　在本任务中，作用域的地址范围必须与本服务器的网卡的 IP 地址在同一网段，否则客户端无法获取到 IP 地址。

若作用域范围内的某些 IP 地址已使用或想提前预留以备将来使用，可在"添加排除和延迟"窗口中将这些地址排除掉，被排除的 IP 地址不会分配给客户端，如图 4-34 所示。此处我们将 192.168.100.10～192.168.100.59 范围内的 IP 地址排除掉。

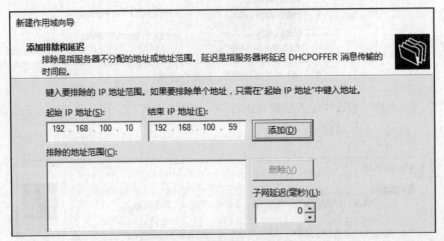

图 4-33　设置作用域范围

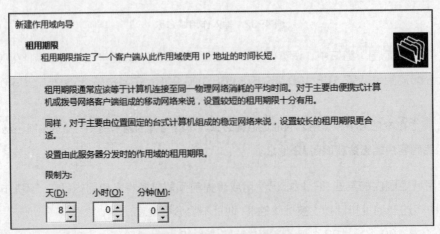

图 4-34　添加排除的 IP 地址范围

在"租用期限"窗口中，设置 IP 地址的租用期限，如图 4-35 所示。IP 地址的默认租期是 8 天，对于人员流动性较大的场合，租期可以适当缩短，以提高 IP 地址的使用效率。

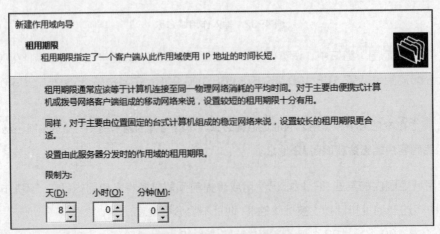

图 4-35　设置 IP 地址的租用期限

在"配置 DHCP 选项"窗口中，询问是否现在配置 DHCP 选项（如默认网关、DNS 服务器等）。如果选择"是，我想现在配置这些选项"，则会继续通过向导配置 DHCP 选项信息；选择"否，我想稍后配置这些选项"，则可以以后在 DHCP 管理控制台中配置相关的 DHCP 选项信息。此处我们选择"是，我想现在配置这些选项"。

在"路由器（默认网关）"窗口中，配置分配给客户端的默认网关，如图 4-36 所示。

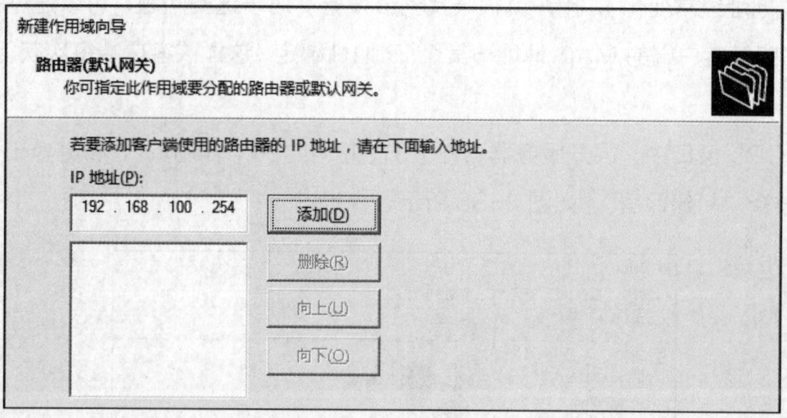

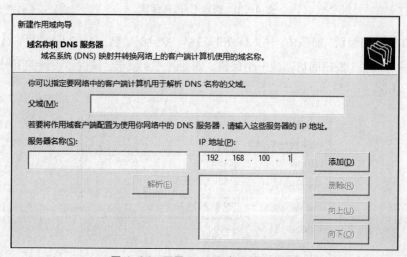

图 4-36　配置默认网关

在"域名称和 DNS 服务器"窗口中，设置分配给客户端的 DNS 服务器的 IP 地址（父域可不设置），如图 4-37 所示。输入 DNS 服务器的 IP 地址并单击"添加"按钮后，DHCP 服务器会自动去网络上验证该 DNS 服务器是否存在。当然，可以给客户端指定多个 DNS 服务器，并通过"向上"和"向下"按钮调整先后顺序。

图 4-37　配置 DNS 服务器的 IP 地址

在"WINS 服务器"窗口中，配置 WINS 服务器的地址。WINS 服务器可以将计算机名称自动注册到数据库并在需要时将其解析成 IP 地址，现在的网络基本上不需要 WINS 服务器，故此处可以不用配置。

在"激活作用域"窗口中，询问是否现在激活作用域，此处我们选择"是，我想现在激活此作用域"，使得作用域开始生效。

② 配置 DHCP 保留

在某些环境中有些设备可能需要固定 IP 地址，如网络打印机。若网络打印机的地址是动态的（即 IP 地址经常变化），用户就很难找到该设备。对于这类问题，可以通过创建 DHCP 保留来解决，即把客户端的 MAC 地址与某个 IP 地址绑定，这样该客户端每次获得的都是同一个 IP 地址。

在"DHCP"窗口中，展开服务器名称下的"IPv4"→"作用域"，右键单击"保留"，在弹出菜单中选择"新建保留"，如图 4-38 所示。

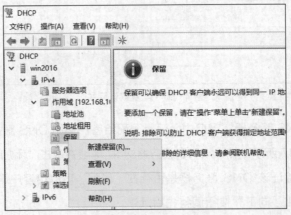

图 4-38   新建 DHCP 保留

在打开的"新建保留"窗口中，输入保留的名称、欲分配给客户端的 IP 地址、客户端 MAC 地址后，单击"添加"按钮即可创建一个保留，如图 4-39 所示。该保留设置的 IP 地址将会被永久分配给 MAC 地址对应的客户端使用。

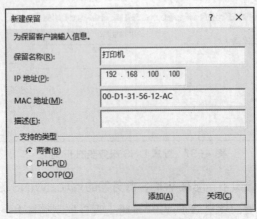

图 4-39   设置保留信息

（3）DHCP 客户端验证

通过以上操作，我们成功地安装并配置了 DHCP 服务器，接下来还需要验证客户端能否正确获取到 IP 地址。

在 Windows 10 客户端网卡"Ethernet0"的属性中，将 IP 地址和 DNS 服务器的 IP 地址改为"自动获得"。若客户端当前已设置为"自动获得"且

DHCP 客户端验证

已经获取到 IP 地址，可按下 Windows+R 组合键，打开"运行"窗口，在文本框内输入"cmd"，打开"命令提示符"窗口，在命令行中输入"ipconfig/release"释放原有 IP 地址，然后再输入"ipconfig/renew"重新获取 IP 地址，如图 4-40 所示。从图中可以看到，客户端获取到的 IP 地址为 192.168.100.2，默认网关的 IP 地址为 192.168.100.254，任务成功。

```
C:\Windows\system32\cmd.exe

C:\Users>ipconfig/renew

以太网适配器 Ethernet0:

   连接特定的 DNS 后缀 . . . . . . . :
   本地链接 IPv6 地址. . . . . . . . : fe80::41d9:3350:cb42:4b08%3
   IPv4 地址 . . . . . . . . . . . . : 192.168.100.2
   子网掩码  . . . . . . . . . . . . : 255.255.255.0
   默认网关. . . . . . . . . . . . . : 192.168.100.254
```

图 4-40 客户端成功获取到 IP 地址

若要查看 IP 地址的详细信息，可以在命令行中输入"ipconfig/all"，如图 4-41 所示。从图中进一步可以看出，IP 地址的租期是 8 天，DHCP 服务器的 IP 地址为 192.168.100.1，DNS 服务器的 IP 地址为 192.168.100.1，这与我们在 DHCP 服务器上的设置是匹配的。

```
选择C:\Windows\system32\cmd.exe

C:\Users>ipconfig/all

以太网适配器 Ethernet0:

   连接特定的 DNS 后缀 . . . . . . . :
   描述. . . . . . . . . . . . . . . : Intel(R) 82574L Gigabit Network Connection
   物理地址. . . . . . . . . . . . . : 00-0C-29-78-4A-99
   DHCP 已启用 . . . . . . . . . . . : 是
   自动配置已启用. . . . . . . . . . : 是
   本地链接 IPv6 地址. . . . . . . . : fe80::41d9:3350:cb42:4b08%3(首选)
   IPv4 地址 . . . . . . . . . . . . : 192.168.100.2(首选)
   子网掩码  . . . . . . . . . . . . : 255.255.255.0
   获得租约的时间  . . . . . . . . . : 2020年10月31日 17:02:07
   租约过期的时间  . . . . . . . . . : 2020年11月8日 17:02:07
   默认网关. . . . . . . . . . . . . : 192.168.100.254
   DHCP 服务器 . . . . . . . . . . . : 192.168.100.1
   DHCPv6 IAID . . . . . . . . . . . : 50334761
   DHCPv6 客户端 DUID  . . . . . . . : 00-01-00-01-26-F0-81-EE-00-0C-29-78-4A-99
   DNS 服务器  . . . . . . . . . . . : 192.168.100.1
   TCPIP 上的 NetBIOS . . . . . . . : 已启用
```

图 4-41 ipconfig/all 显示 IP 地址详细信息

 注意　若上述 DHCP 任务是在 VMware 虚拟机上进行，需要关闭 VMware Workstation 自身的 DHCP 功能方可达到预期效果。

关闭 VMware Workstation 的 DHCP 功能的步骤：单击虚拟机主菜单"编辑"→"虚拟网络编辑器"，打开"虚拟网络编辑器"窗口，单击窗口下部的"更改设置"按钮，以系统管理员身份再次打开"虚拟网络编辑器"窗口，如图 4-42 所示。在窗口上部选中虚拟机网卡对应的网络连接类型后，取消窗口下部的选项"使用本地 DHCP 服务将 IP 地址分配给虚拟机"的选中状态，便可以关闭 VMware Workstation 自身的 DHCP 功能，从而让 Windows Server 2016 服务器上的 DHCP 发挥作用。

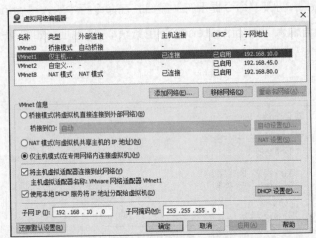

图 4-42　在"虚拟网络编辑器"窗口中关闭 VMware Workstation 自身的 DHCP 功能

2. 安装和配置 DNS 服务器

（1）安装 DNS 服务器

在安装 DNS 服务器之前，请一定确保服务器已经配置静态 IP 地址，此处将 DNS 服务器的 IP 地址设置为 192.168.100.1/24（即 DHCP 服务器和 DNS 服务器为同一台设备）。

安装及配置 DNS 服务器

DNS 服务器的安装与 DHCP 服务器的安装基本类似。在桌面上单击"开始"→"服务器管理器"，打开"服务器管理器"窗口，单击"仪表板"中的"添加角色和功能"，通过添加向导完成 DNS 服务器的安装，如图 4-43 所示。

图 4-43　安装 DNS 服务器

（2）配置 DNS 服务器

DNS 服务器以区域的方式管理域名。DNS 区域分为正向查找区域和反向查找区域，正向查找区域完成域名到 IP 地址的解析，反向查找区域完成 IP 地址到域名的解析。无论是正向查找区域还是反向查找区域，DNS 服务器都提供了以下三种区域类型。

- 主要区域：主要区域是用来存储区域内所有资源记录的正本，在 DNS 服务器上创建主要区域后，就可以直接在该区域添加、修改或删除资源记录。

- 辅助区域：辅助区域是指从某一个主要区域复制而来的区域副本，辅助区域中的资源记录是只读的，不能对其进行添加、修改和删除等操作，仅能提供域名解析。辅助区域可以作为 DNS 服务器的备份和容错。

- 存根区域：存根区域存储的也是主要区域的副本，与辅助区域不同的是，存根区域中只包含少量的资源记录，主要有 SOA 记录（起始授权记录）、NS 记录（域名服务器记录）和 A 记录（主机记录）。存根区域就像一个书签一样，仅指向负责某个区域的权威 DNS 服务器。

① 新建 DNS 区域

在计算机网络中，绝大多数情况是进行正向查找，即根据域名查找对应的 IP 地址，故这里我们以正向查找为例来介绍 DNS 服务器的配置过程。

在"服务器管理器"窗口中，单击右上角的菜单"工具"→"DNS"（或单击"开始"→"Windows 管理工具"→"DNS"），打开"DNS 管理器"窗口。将左侧窗格的服务器名称展开，右击"正向查找区域"，在弹出菜单中选择"新建区域"，如图 4-44 所示，打开"新建区域向导"窗口。

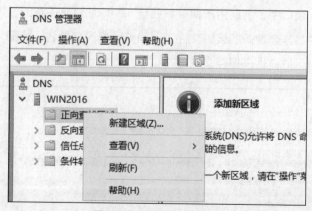

图 4-44　新建 DNS 区域

在"新建区域向导"的"区域类型"窗口中，选择要创建的区域类型，如图 4-45 所示。DNS 服务器支持不同类型的区域和存储，可根据实际需要选择，此处我们选择创建"主要区域"，这种区域支持对区域内的资源记录进行添加、修改或删除操作。

133

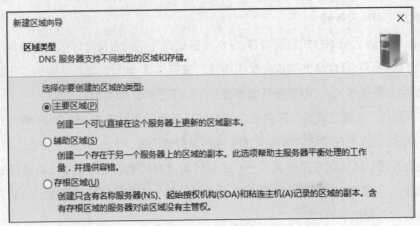

图 4-45　选择区域类型

在"区域名称"窗口中输入在域名服务机构申请的域名名称，如 xyz.com，如图 4-46 所示。

图 4-46　设置区域名称

在"区域文件"窗口中，创建用于保存域名与 IP 地址对应关系的区域文件，系统会自动以区域名称作为文件名来创建新的区域文件，一般无须修改文件名，如图 4-47 所示。当然，用户也可以选择现有区域文件来保存。

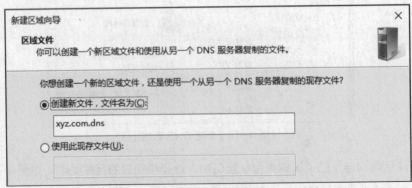

图 4-47　创建区域文件

在"动态更新"窗口中，设置 DNS 区域的更新方式。出于安全考虑，此处选择"不允许动态更新"单选项，如图 4-48 所示。

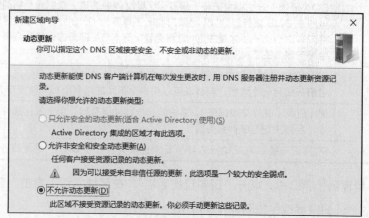

图 4-48　设置 DNS 区域更新方式

完成新建 DNS 区域后，在"DNS 管理器"窗口中可以看到刚才新建的 DNS 区域，其类型为"标准主要区域"，如图 4-49 所示。

图 4-49　新建立的 DNS 区域

② 添加资源记录

在 DNS 服务器上创建区域后，若要为服务器所属的域提供域名解析服务，还必须在域中添加各种资源记录来实现域名解析。资源记录是 DNS 数据库中的一种标准结构单元，里面包含了用来处理 DNS 查询的信息。DNS 服务器支持多种不同类型的资源记录，如表 4-4 所示。

表 4-4　资源记录类型

资源记录类型	说明
主机记录 （A 或 AAAA 记录）	主机记录代表了网络中的一台主机，是最常见且使用最多的一种记录类型，主要负责把域名解析成 IP 地址。A 记录用于将域名解析成 IPv4 地址，而 AAAA 记录用于将域名解析成 IPv6 地址
NS 记录	NS 记录（域名服务器记录）用来指定该区域由哪些 DNS 服务器来进行解析

续表

资源记录类型	说明
SOA 记录	SOA 记录（起始授权记录）是每个区域文件中的第一个记录，标识了负责解析该区域的主 DNS 服务器。NS 记录只说明了有多台 DNS 服务器在对区域进行解析，但并没有说明哪一台才是主 DNS 服务器，而 SOA 记录标识了在众多 NS 记录里哪一台服务器是主 DNS 服务器
CNAME 记录	CNAME 记录（别名记录）可以给标准的规范域名定义一个别名，即可以把一个域名解析成另一个域名，或者说可以将多个不同的域名解析到同一个 IP 地址
MX 记录	MX 记录（邮件交换记录），它指向一个邮件服务器，用于发送邮件时根据收件人的地址后缀来定位邮件服务器
PTR 记录	PTR 记录是对 A 记录或 AAAA 记录的反向解析，即将 IP 地址解析到对应的域名

在"DNS 管理器"窗口中，展开"正向查找区域"，在区域名称上右击，在弹出的快捷菜单中选择创建的资源记录类型，如图 4-50 所示。

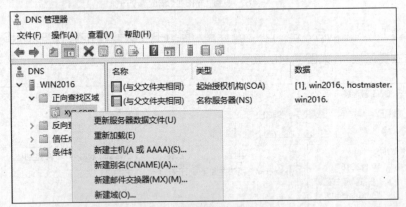

图 4-50　选择资源记录的类型

在图 4-50 所示菜单中，单击"新建主机（A 或 AAAA）"添加主机记录。在"新建主机"窗口输入主机名称及对应的 IP 地址，如图 4-51 所示，单击"添加主机"按钮，便可新增一条主机记录。

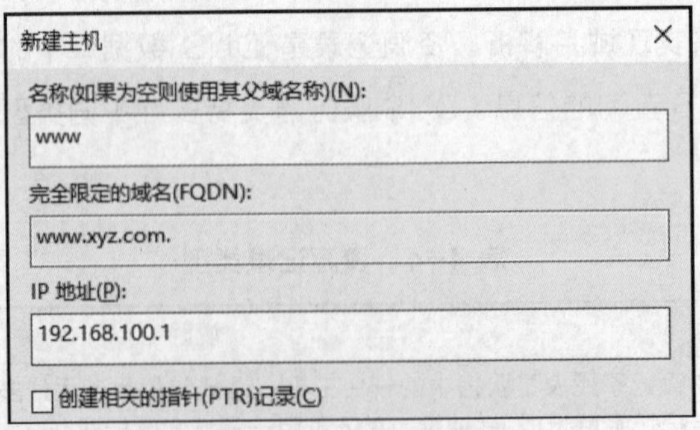

图 4-51　新建主机记录

为了方便我们后面配置 Web 服务器和 FTP 服务器时使用域名，此处新建两条主机记录：

www.xyz.com 和 ftp.xyz.com，对应的 IP 地址均为 192.168.100.1，如图 4-52 所示。

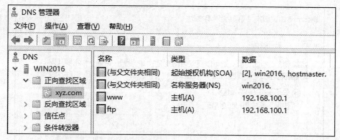

图 4-52　在区域中添加 www 和 ftp 主机记录

③ 配置 DNS 转发器

为了使得内部 DNS 服务器能够解析外部域名，可在 DNS 服务器上配置 DNS 转发器。DNS 转发器是内部 DNS 服务器所指向的另一台 DNS 服务器，用于解析外部的 DNS 域名。当客户端向内部 DNS 服务器发出查询域名的请求后，若内部 DNS 服务器查询不到所需的记录，内部 DNS 服务器就会代替客户端向 DNS 转发器发出查询域名的请求，如果 DNS 转发器

配置 DNS 转发器

也查询不到相应的记录，DNS 转发器会采用迭代查询的方式继续向其他 DNS 服务器发出查询域名的请求，直到查询到结果，最后由本地 DNS 服务器将解析结果发回给客户端。配置 DNS 转发器的过程如下。

打开"DNS 管理器"窗口，单击左侧窗格的服务器名称，在右侧窗格的"转发器"上双击，打开服务器属性的"转发器"选项卡，单击"编辑"按钮，在"编辑转发器"窗口中输入一个或多个 ISP 或互联网企业提供的 DNS 服务器的 IP 地址，系统会自动验证配置的 DNS 转发器能否解析域名，若能正常工作，则显示绿色复选框，如图 4-53 所示的"114.114.114.114"。

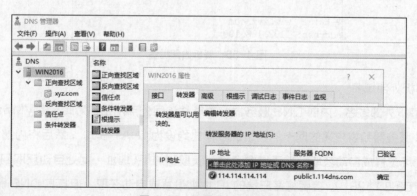

图 4-53　配置 DNS 转发器

（3）DNS 客户端验证

① 解析内部域名

在 Windows 10 客户端网卡"Ethernet0"的属性中，设置客户端使用的 DNS 服务器的

IP 地址（此处为 192.168.100.1），如图 4-54 所示。

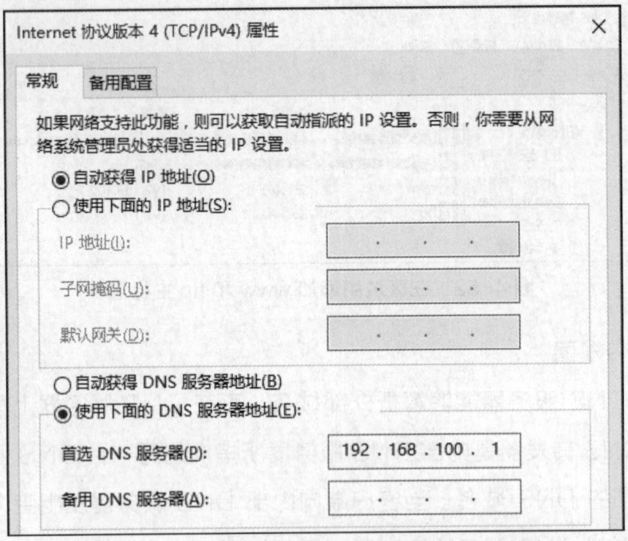

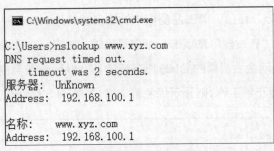

图 4-54　设置客户端的 DNS 服务器的 IP 地址

打开"命令提示符"窗口，在命令行中输入"nslookup www.xyz.com"，如图 4-55 所示。从图中可以看出，DNS 服务器的 IP 地址是 192.168.100.1，它成功地解析出域名 www.xyz.com 对应的 IP 地址是 192.168.100.1，这说明 DNS 服务器工作正常。

```
C:\Windows\system32\cmd.exe

C:\Users>nslookup www.xyz.com
DNS request timed out.
        timeout was 2 seconds.
服务器:  UnKnown
Address:  192.168.100.1

名称:    www.xyz.com
Address:  192.168.100.1
```

图 4-55　解析内部域名

② 解析外部域名

为了解析外部域名，内部 DNS 服务器必须能够访问外部网络。为此，将 VMware 虚拟的内部 DNS 服务器和客户端的网卡的网络连接模式均设为"NAT 模式"，然后将内部 DNS 服务器的 IP 地址设置成自动获取，并通过命令确认获取到的 IP 地址（此处自动获取到的 IP 地址为"192.168.80.128"）。接着将客户端的 IP 地址设置成自动获取，但将其 DNS 服务器的 IP 地址指向我们自行搭建的内部 DNS 服务器（此处内部 DNS 服务器的 IP 地址为"192.168.80.128"），以便客户端将域名解析请求发送给内部 DNS 服务器，如图 4-56 所示。

在客户端打开"命令提示符"窗口，在命令行中输入"nslookup www.qq.com"，如图 4-57 所示。

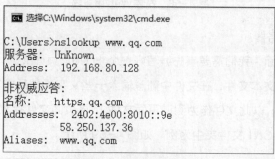

图 4-56　将客户端的 DNS 服务器的 IP 地址指向内部 DNS 服务器

```
选择C:\Windows\system32\cmd.exe
C:\Users>nslookup www.qq.com
服务器:  UnKnown
Address:  192.168.80.128

非权威应答:
名称:    https.qq.com
Addresses:  2402:4e00:8010::9e
            58.250.137.36
Aliases:  www.qq.com
```

图 4-57　解析外部域名

从图中可以看出，DNS 服务器的 IP 地址是 192.168.80.128（内部 DNS 服务器），它成功解析出域名 "www.qq.com" 对应的 IPv4 地址是 "58.250.137.36"，但内部 DNS 服务器上并没有域名 www.qq.com，它是怎么解析出地址的呢？这是因为内部 DNS 服务器将该域名转发给了预先设置的 DNS 转发器（外部 DNS 服务器）114.114.114.114（这是国内公用的免费 DNS 服务器的 IP 地址），它帮助内部 DNS 服务器解析了域名，并将结果返回给内部 DNS 服务器。

3. 安装和配置 Web 服务器

（1）安装 Web 服务器

安装和配置 Web
服务器

在安装 Web 服务器之前，请一定确保 Web 服务器已经配置静态 IP 地址，此处我们将 Web 服务器的 IP 地址设置为 192.168.100.1（与 DNS 服务器上的域名 "www.xyz.com" 对应的 IP 地址保持一致）。

在桌面上单击 "开始" → "服务器管理器"，打开 "服务器管理器" 窗口，单击 "仪表板" 中的 "添加角色和功能"，通过添加向导来安装 Web 服务器，如图 4-58 所示。在 "角色" 列表区中勾选 "Web 服务器（IIS）"，其余步骤均采用默认值，单击 "确定" 按钮或 "下一步"

按钮即可完成 Web 服务器的安装。

图 4-58　安装 Web 服务器

（2）配置 Web 服务器

为了能正常访问页面，我们需要事先编写好一个 HTML 页面文件，如 xyz.html（为了简化问题，可以新建一个文本文件，在文件中随意输入一些文字，然后将其保存下来，再将文件扩展名.txt 更改为.html，以此文件作为测试页面文件）。将页面文件存放到 Web 服务器的硬盘分区中，这里以保存在 C:\1 文件夹中为例，如图 4-59 所示。

图 4-59　测试页面文件

① 新建网站

在"服务器管理器"窗口中，单击右上角的菜单"工具"→"Internet Information Services（IIS）管理器"（或单击"开始"→"Windows 管理工具"→"Internet Information Services（IIS）管理器"），打开"Internet Information Services IIS 管理器"窗口。将左侧窗格的服务器名称展开，在"网站"下可以看到一个默认的 Web 网站（Default Web Site），如图 4-60 所示。

图 4-60 "Internet Information Services IIS 管理器"窗口

在"网站"节点上右击，在弹出的快捷菜单中选择"添加网站"。在"添加网站"窗口中，设置网站的各种属性。在"网站名称"文本框中输入新网站的名称（网站名称用于在 IIS 里区分不同的网站，而不是指网站的域名）；在"物理路径"文本框中选择网站文件存放的物理路径（如 C:\1）；在"IP 地址"文本框中设置 Web 服务器的 IP 地址；Web 服务器的默认端口号是 80，无特殊需求一般无须修改，如图 4-61 所示。网站属性设置完毕后，单击"确定"按钮，新网站创建完成。

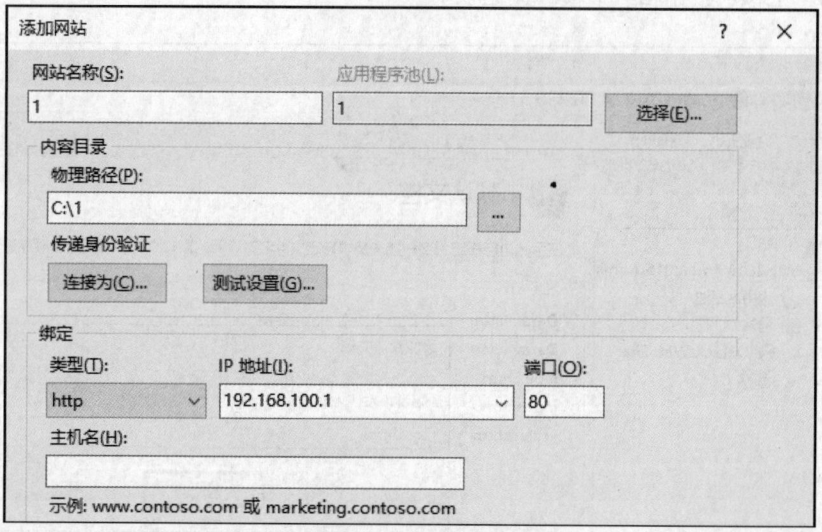

图 4-61 "添加网站"窗口

② 设置默认文档

为了访问网站时能自动打开主页（默认文档），还需要设置网站的首页（默认文档）。在"Internet Information Services IIS 管理器"窗口中单击左侧窗格的网站名称，在中间窗格中双击"默认文档"图标，如图 4-62 所示，打开相应的设置界面。

图 4-62　选择默认文档

"默认文档"的名称列表中已列出了部分默认文档，如 Default.asp、index.html 等，我们可以添加自定义的默认文档，在用户访问网站时，IIS 会按照列表中的顺序从上至下依次查找默认文档。在当前界面中，通过单击右侧窗格的"添加"按钮来添加默认文档（如 xyz.html），如图 4-63 所示。新添加的默认文档会自动排在首位，若要调整默认文档的先后顺序，可单击右侧窗格的"上移"按钮和"下移"按钮。

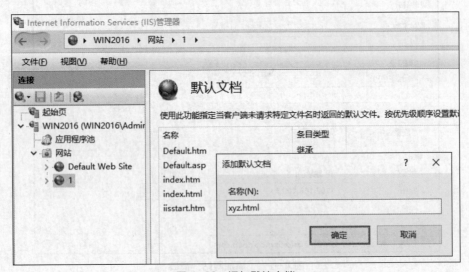

图 4-63　添加默认文档

③ 在服务器端测试网站

在 IIS 管理器中，单击左侧窗格的网站名称，回到网站的配置主窗口，单击右侧窗格下部的链接"浏览 192.168.100.1:80"，测试网页在本机能否正常显示，如图 4-64 所示。

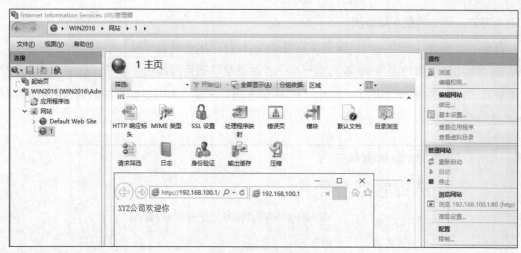

图 4-64　测试网页

（3）Web 客户端验证

在 Windows 10 客户端打开 Edge 或 IE 浏览器，在浏览器中输入"http//:IP 地址"即可访问服务器上的网站，如图 4-65 所示。

图 4-65　客户端通过 IP 地址访问网站

如果想通过"http//:域名"来访问此网站，客户端的 TCP/IP 参数中还需要指定 DNS 服务器的 IP 地址。设置 DNS 服务器后，在浏览器中输入域名就可以访问到网站，如图 4-66 所示。

图 4-66　客户端通过域名访问网站

4. 安装和配置 FTP 服务器

（1）安装 FTP 服务器

在 Windows Server 2016 操作系统中，FTP 服务器与 Web 服务器（IIS）捆绑在一起，作为安装时的可选组件。在安装 IIS 时，默认情况下并没有安装

安装和配置 FTP
服务器

FTP 服务器，因此需要手动添加。

在桌面上单击"开始"→"服务器管理器"，打开"服务器管理器"窗口，在"仪表板"中单击"添加角色和功能"，随着向导一步一步跳转至"服务器角色"步骤。在中部的角色列表中展开"Web 服务器（IIS）"，选中"FTP 服务器"选项，即可安装相应的服务器角色，如图 4-67 所示。

图 4-67　安装 FTP 服务器

（2）配置 FTP 服务器

打开"Internet Information Services（IIS）管理器"窗口，在左侧窗格中展开服务器名称，在"网站"节点上右击，在弹出的快捷菜单中选择"添加 FTP 站点"，以添加一个新的 FTP 站点，如图 4-68 所示。

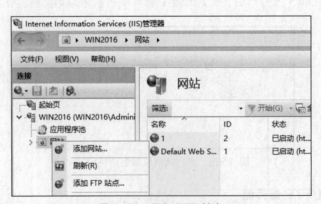

图 4-68　添加 FTP 站点

在"站点信息"窗口中，输入 FTP 站点的名称，存放 FTP 资源的"物理路径"可通过单击右侧的"浏览"按钮来选择，如图 4-69 所示。

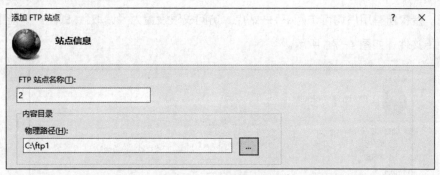

图 4-69　设置站点信息

在"绑定和 SSL 设置"窗口中，指定 FTP 站点的 IP 地址、端口号（默认端口号 21，若无特殊需求一般无须修改）、是否需要 SSL 加密等，如图 4-70 所示。FTP 站点的数据是以明文传输的，如果对数据传输的安全性要求较高，可以通过安全套接层（Secure Socket Layer，SSL）或者虚拟专用网络（Virtual Private Network，VPN）来保证传输的 FTP 站点数据不被窃听。此处我们不进行加密设置，选择"无 SSL"。

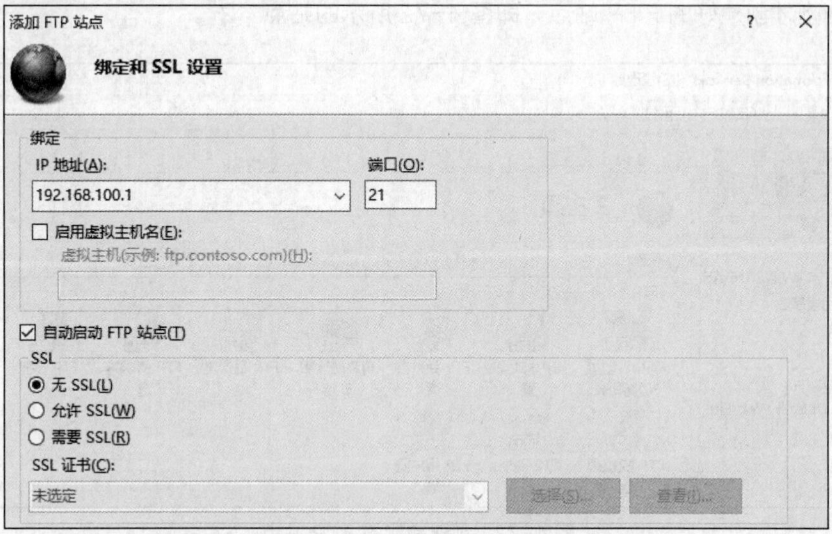

图 4-70　设置 FTP 站点的 IP 地址及安全性

在"身份验证和授权信息"窗口中，指定 FTP 站点的身份认证方式和用户权限。身份认证方式有两种：匿名认证和基本身份认证。在匿名认证方式下，任意用户均可访问 FTP 服务器，系统会使用默认的匿名账号（anonymous）与 FTP 服务器建立连接，即不需要输入用户名和密码即可访问 FTP 服务器。为了提高 FTP 站点的安全性，也可以使用基本身份认证，这种认证方式必须使用 FTP 服务器上的 Windows 用户来访问 FTP 站点，当客户端连接 FTP 服务器时，FTP 服务器会要求输入合法的用户名及密码。

此处我们选择认证方式为"匿名"和"基本"，即允许用户匿名访问，也允许使用 Windows

账号访问。授权所有用户均可访问 FTP 站点，访问权限设置为"读取"，即用户只能下载文件但不能上传文件，如图 4-71 所示。

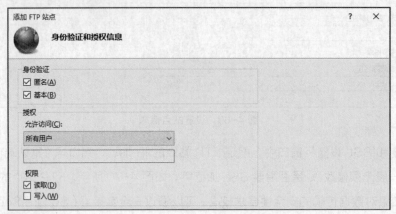

图 4-71　设置认证方式和用户权限

FTP 站点创建完毕后，在"Internet Information Services（IIS）管理器"窗口的"网站"下可以看到刚才创建好的 FTP 站点，即图 4-72 所示的站点"2"。

图 4-72　创建完毕的 FTP 站点

（3）FTP 客户端验证

① 匿名访问 FTP 服务器

在 Windows 10 客户端打开文件资源管理器（或浏览器），在地址栏中输入"ftp//:IP 地址"即可以匿名身份直接访问 FTP 服务器上的文件，如图 4-73 所示。若要通过域名访问 FTP 服务器，则需要在客户端的 TCP/IP 参数中指定 DNS 服务器的地址。

② 非匿名用户访问 FTP 服务器

若基于安全考虑，要求用户登录 FTP 服务器时输入用户名和密码以进行身份认证，可在 FTP 服务器上禁用匿名访问功能。

图 4-73　通过文件资源管理器访问 FTP 服务器

在 FTP 服务器上单击 IIS 管理器的 FTP 站点，在中间窗格的主设置窗口中双击"FTP 身份验证"，在设置界面中找到"匿名身份验证"，并在该行上右击，在弹出的快捷菜单中选择"禁用"，即可禁止匿名访问，如图 4-74 所示。

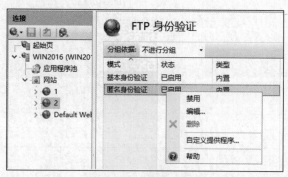

图 4-74　禁用匿名访问

在客户端打开文件资源管理器访问 FTP 服务器，此时会弹出"登录身份"对话框，输入正确的用户名和密码，便可以成功访问 FTP 服务器，如图 4-75 所示。需要提醒的是，此处的登录账号是在 FTP 服务器的"计算机管理"窗口下的"本地用户和组"中创建的。

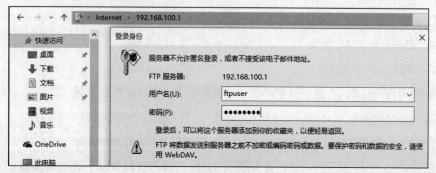

图 4-75　FTP 服务器的登录认证

③ 上传/下载文件验证

若要将 FTP 服务器上的文件下载到本地，可以将文件资源管理器窗口中显示的远程 FTP 站点文件直接拖曳至本地桌面或某一文件夹。若要上传文件，可将本地文件直接拖入文件资源

147

管理器窗口，此时会弹出复制文件发生错误的提示信息，原因是前面我们在创建 FTP 站点时仅授予用户"读取"权限，从而导致无法向 FTP 服务器写入文件，如图 4-76 所示。

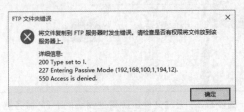

图 4-76　上传文件权限不足提示

课程思政

课程思政

课后练习

一、单选题

1. VMware 虚拟机的网络连接模式有多种，虚拟机不能访问公网的模式是哪一种？（　　　）

　　A. 桥接模式　　　　　B. NAT 模式　　　　　C. 仅主机模式　　　　D. 动态模式

2. 下列哪一个操作系统是开源系统？（　　　）

　　A. Windows　　　　　B. UNIX　　　　　C. Linux　　　　　D. MAC

3. DHCP 服务器的主要功能是（　　　）。

　　A. 动态分配 MAC 地址　　　　　　　　B. 域名解析

　　C. 动态分配 IP 地址　　　　　　　　　D. arp 解析

4. 在采用自动获取 IP 地址的客户端中，重新获取 IP 地址的命令是（　　　）。

　　A. ipconfig/all　　　　　　　　　　B. ipconfig/renew

　　C. ipconfig/flushdns　　　　　　　　D. ipconfig/release

5. 在安装 DHCP 服务器之前，必须保证 DHCP 服务器具备以下哪一项参数？（　　　）

　　A. 默认网关　　　　　　　　　　　B. DNS 服务器的 IP 地址

　　C. Web 服务器的 IP 地址　　　　　　D. 静态的 IP 地址

6. 以下哪一个 DNS 域表示国家或地区域？（　　　）

　　A. com　　　　　　　B. edu　　　　　　　C. cn　　　　　　　D. www

7. 在 Windows Server 2016 操作系统中安装 Web 服务器，需要添加哪一种服务器角色？
（　　）

    A. IIS　　　　　　　　B. DHCP　　　　　　　C. FTP　　　　　　　D. DNS

8. Web 服务器使用哪个协议为客户端提供网页服务？（　　）

    A. FTP　　　　　　　B. NNTP　　　　　　　C. SMTP　　　　　　D. HTTP

9. Web 服务器使用的默认端口是（　　）。

    A. 21　　　　　　　　B. 54　　　　　　　　C. 80　　　　　　　　D. 110

10. FTP 站点使用的默认端口号是（　　）。

    A. 20　　　　　　　　B. 21　　　　　　　　C. 22　　　　　　　　D. 23

二、简答题

1. 什么是虚拟化技术，它有何优点？

2. 客户端一般要从 DHCP 服务器上获取哪三项 TCP/IP 参数才能正常上网，这三项参数各有何作用？

3. Internet 的域名结构是怎样的？

4. DNS 有哪两种域名查询方式，各是什么含义？

三、实训案例

ABC 公司组建了企业内网，服务器和所有客户端主机均处于同一物理网段，使用的 IP 地址是 192.168.1.0/24。公司大约有 100 台计算机，还有部分员工使用笔记本电脑办公，为了减少网络管理的工作量，公司希望采用 DHCP 服务器为主机动态分配 IP 地址及相关参数（默认网关和 DNS 服务器的 IP 地址）。DHCP 服务器的 IP 地址是 192.168.1.253，默认网关是 192.168.1.254，内部 DNS 服务器的 IP 地址是 192.168.1.252。考虑到公司业务发展的需要，拟将地址段 192.168.1.235～192.168.1.254 保留待用，不分配给主机使用。另外，公司后勤部有一台公用的网络打印机，希望每次通过 DHCP 服务器都能获得同一固定 IP 地址 192.168.1.240。

ABC 公司在 Web 服务器上搭建了基于浏览器/服务器（B/S）模式的公司网站供内外部访问，Web 服务器的 IP 地址是 192.168.1.251，域名是 www.abc.com.cn。为了方便用户共享资源，公司内部还搭建了 FTP 服务器，基于成本考虑，FTP 服务器与 Web 服务器部署在同一台服务器上，其域名是 ftp.abc.com.cn。要求 FTP 服务器禁止匿名登录，必须使用账号登录，且登录 FTP 服务器后只能下载文件而不能上传文件。

公司内部的 DNS 服务器的 IP 地址是 192.168.1.252，要求该服务器除了能解析内部的 Web 服务器和 FTP 服务器的域名之外，还能完成对外部域名的解析请求。

请为 ABC 公司配置 DHCP、DNS、Web 及 FTP 服务器，以满足上述需求。

项目五
配置Internet接入

05

一、项目背景描述

小明家里的计算机、手机、平板电脑等设备需要通过有线或无线方式上网，于是他向电信运营商申请了光纤宽带接入，运营商为其提供了上网使用的光猫，并安排工作人员上门进行设备的安装与调试，使家里的各种电子设备均可以正常上网。后来，因网络速度变慢导致上网体验不佳，小明便将光猫恢复到出厂设置，现在他必须重新配置光猫以便能够正常上网。

二、相关知识

（一）广域网概述

1. 广域网的产生

广域网是应相距遥远的局域网互联的要求而产生的。局域网虽然带宽较高，性能稳定，却无法满足远程连接的需要。以快速以太网 100Base-TX 为例，其以双绞线作为传输介质，一条线路的传输距离不能超过 100m，即使通过中继器传输，其最大距离也不能超过 500m；如果通过交换机级联的方式传输，理论上传输距离最大可以延长至几千米。这样的传输距离是非常有限的，无法支持两个城市之间的上百千米甚至上万千米的远程传输。即使可以将以太网改造成支持超远程连接，这也要求用户在两端的站点之间布设专用的线缆，长距离跨地区布设线缆的投资是相当巨大的，普通的单位或组织根本无法承受。

传统电信运营商经营的语音网络已建设许多年，几乎可以连通所有的家庭和办公场所，利用电信运营商现成的基础设施建设广域网，无疑是一种明智的选择。因此，广域网一般由电信部门（或专门的公司）负责组建、管理和维护，并向全社会提供有偿的通信服务。

由于电信运营商采用的通信技术多种多样，广域网技术也呈多样化发展，以适应用户对计算机网络的多样化需求。建立广域网通常需要使用路由器，以便连接局域网和广域网的不同传输介质，实现复杂的广域网协议，并跨网段进行通信。用户路由器既可以通过 PSTN（公共交换电话网）或 ISDN（综合业务数字网）拨号连接对端路由器，也可以直接租用模拟或数字专线连接对端路由器。

2. 广域网的类型

广域网是一种跨地区的数据通信网络，一般使用电信运营商提供的设备作为信息传输平台。广域网主要对应 OSI 参考模型的物理层和数据链路层，也就是 TCP/IP 模型的网络接口层。广域网的类型主要包括 PSTN、DDN、ISDN、Frame Relay（FR）、ATM 等。

（1）PSTN

公共交换电话网（Public Switched Telephone Network，PSTN）即人们日常使用的电话网络，是一种以模拟技术为基础的电路交换网络，它使用普通拨号电话线或租用一条电话专线进行数据传输，通信双方建立连接后，独占一条信道来进行通信，双方无信息传输时该信道也不能被其他用户所利用。PSTN 在办公场所几乎无处不在，它的优点是分布广泛、安装费用低、易于部署，缺点是带宽非常低（不超过 56kbit/s），且信号易受干扰。PSTN 在计算机网络中已完全被淘汰。

（2）DDN

数字数据网（Digital Data Network，DDN）是采用数字信道来传输数据信号的网络，它的基础是数字传输网，由光缆、数字微波、数字卫星等数字传输介质和数字交叉复用设备组成。利用数字信道传输数据信号与利用传统的模拟信道传输数据信号相比，具有传输质量高、速度快、带宽利用率高等优点。DDN 支持数据、图像、语音等各种业务，非常适合于远程局域网之间的固定互联，但线路租用费较高。

（3）ISDN

综合业务数字网（Integrated Services Digital Network，ISDN）是一个数字电话网络的国际标准，是一种典型的电路交换网络。ISDN 俗称"一线通"，它是一个全数字化的网络，实现了端到端的数字化连接，可以在一条链路上同时支持语音、数据、图形、视频等多种业务的通信，从而将电话、传真、数据、图像等多种业务综合在一个统一的数字网络中进行传输和处理。ISDN 可以实现稳定、高可靠性及高质量的通信，使用灵活方便，费用低廉。但 ISDN 的最高带宽为 128kbit/s，已无法满足当前计算机网络对高带宽数据通信的需求，故现在也基本被淘汰。

（4）Frame Relay

帧中继（Frame Relay，FR）以帧（Frame）为单位进行数据传输，是在简化的 X.25 分组交换技术的基础上发展而来的，它在数据链路层用简化的方法来转发和交换数据单元。相对于 X.25 协议，Frame Relay 只完成了数据链路层的核心功能，简化了差错控制、确认重传、流量控制等过程，使得其延迟比 X.25 小得多。Frame Relay 传输速率较快，但容易受到网络拥堵的影响，对于时间敏感的实时通信没有特殊的保障措施，当线路受到干扰时容易造成丢包。Frame Relay 目前也已经被淘汰。

（5）ATM

异步传输模式（Asynchronous Transfer Mode，ATM）是一种基于信元（Cell）的分组交换和复用技术。所谓的"信元"是 ATM 传输的基本单位，它是一种长度较小且大小固定的数据帧。ATM 大多采用光纤作为传输介质，同时支持声音、数据、传真、图像、实时视频等多种数据类型，其最大特点是速率高、延迟小、传输质量有保障，但技术复杂、成本很高。

3. 广域网连接方式

常见的广域网连接方式包括专线连接、电路交换、分组交换、VPN 等。

（1）专线连接

在专线连接中，电信运营商通过通信网络中的传输设备和传输线路，为用户配置一条专用的通信线路，用户永久性独占一条速率固定的专用线路，独享其带宽。专线连接部署简单，通信可靠，可以提供的带宽范围比较广，传输延迟小；但其资源利用率低，费用比较昂贵。专线连接主要应用在 DDN 中。

（2）电路交换

在电路交换中，用户设备之间的连接是按需建立的，运营商为每个通信会话临时建立一条专用物理通道用以传输数据，当数据传输完毕后，运营商的广域网交换机会自动切断传输通道。电路交换适用于临时性、低带宽的通信，费用较低，但连接延迟大，带宽较低。电路交换主要应用在 ISDN 和 PSTN 中。

（3）分组交换

分组交换也称为包交换，它把用户要传输的数据按一定长度分割成多个较小的数据段，这种小数据段称为"分组"或"包"。每个分组的首部都包含目的地址和系列号，不同的分组在物理线路上以动态共享和复用方式进行传输。为了能够充分利用资源，当分组传送到交换机时，交换机会暂时将其存储在自己的存储器中，然后根据线路的忙闲程度，交换机会动态分配合适的物理线路，继续将分组传输出去，直到传送到目的地。到达目的地之后的分组再根据系列号重新组合起来，形成一个完整的数据。分组交换的资源利用率高，但配置复杂、传输延迟较大。分组交换主要应用在 Frame Relay 和 ATM 中。

（4）VPN

VPN（Virtual Private Network，虚拟专用网络）的作用是通过公用网络（通常是 Internet）建立一个临时的、安全的连接以进行加密通信，它能够让远程用户、分支机构、商业合作伙伴和其他人与公司内部网络建立可信的安全连接，并保证数据的安全传输。VPN 利用现有的公用网络来扩展企业内部私有网络，节省了大量投资和运营维护成本，并且能够提供端到端的安全连接，因而在许多企业中得到了广泛应用。

（二）常见的宽带接入技术

随着 Internet 的迅猛发展，人们对远程教学、远程医疗、视频会议、电子商务等多媒体应用的需求大幅度增加，这对网络带宽及速率提出了更高的要求，促使网络由低速向高速、由共享到交换、由窄带向宽带方向迅速发展。

网络接入技术是网络中与用户相连的最后一段线路上所采用的技术。当前广泛兴起的宽带接入技术相对于传统的窄带接入技术而言，显示了其不可比拟的优势和强劲的生命力。目前常见的宽带接入技术主要包括铜线接入（xDSL 接入）、以太网接入（局域网接入）、光纤接入、基于光纤与同轴电缆混合（HFC）的 Cable Modem 接入、无线接入等技术。从全球范围来看，xDSL 接入技术依然是应用最广泛的宽带接入技术。

1. xDSL 接入技术

DSL（Digital Subscriber Line，数字用户线路）是利用数字技术对现有模拟电话线路进行改造，使其能承载宽带业务的一种技术，它使数字信号加载到电话线路的未使用频段，从而实现了在不影响语音通话的前提下在电话线上提供高速数据通信。xDSL 是 DSL 的所有类型的总称，包括 HDSL、SDSL、ADSL、VDSL、SHDSL 等，它们之间的主要区别体现在传输速率及距离的不同、上行/下行速率是否对称两个方面。目前，基于铜线传输的 xDSL 接入技术已经成为宽带接入的主流技术，被广大用户所采用。

（1）DSL 的工作原理

DSL 是美国贝尔实验室于 1989 年为视频点播业务开发出来的在普通电话线上传输高速数据的技术。传统的电话系统在设计之初，主要用来传输模拟语音信号，出于经济上的考虑，电话系统设计的传输频率是 300Hz～3.4kHz（尽管人耳可以听到的声音频率是 20Hz～20kHz，但 300Hz～3.4kHz 是一个比较容易辨识的音频范围），但电话线实际上可以提供更高的带宽，从 200Hz～2MHz 不等，这取决于电路质量和设备的复杂程度。

DSL 正是利用电话系统中没有被使用的高频信号来承载数据，从而实现在一条电话线上同时传输语音和数据信号。DSL 采用频分复用技术，将电话线的带宽分为三个信道：0～4kHz 的低频段用于普通电话的语音业务，30kHz～138kHz 的中间频段用于上行数据（用户到网络）的传输，138kHz～1.1MHz 的高频段用于下行数据（网络到用户）的传输。

DSL 按上行通道（用户到网络）和下行通道（网络到用户）的速率是否均衡，可分为对称 DSL 和非对称 DSL。

（2）ADSL 技术简介

在 xDSL 接入技术体系中，我国应用最为广泛的是 ADSL 技术。ADSL 是一种非对称的 DSL 技术，所谓"非对称"是指用户线路的上行速率与下行速率不同，一般是下行速率远高于上行速率，故其特别适合传输多媒体信息业务，如 IPTV、视频点播（VOD）、多媒体信息检索和其他交互式业务。ADSL 技术的主要优点如下。

① 可以充分利用现有的电话交换网络，只需在线路两端加装 ADSL 设备即可为用户提供高带宽服务，无须重新布线，从而极大地降低了服务成本。同时 ADSL 技术的用户独享带宽，线路专用，不受用户数量增加的影响。

② ADSL 设备随用随装，无须进行严格业务预测和网络规划，施工简单，时间短，系统初期投资小。

③ ADSL 设备拆装容易、灵活，方便用户转移，比较适合流动性强的家庭用户。

④ ADSL 技术使一条普通电话线可以同时传输语音信号和数据信号。因此，拨打/接听电话的同时又能高速上网，两者互不影响。

随着运营商网络覆盖范围的扩大及用户业务量的逐渐增加，第一代 ADSL 技术逐渐暴露出一些难以克服的弱点，如下行速率较低、线路诊断能力较弱等。为更好地满足网络运营和信息消费的需求，新一代 xDSL 接入技术如 ADSL2、ADSL2+、VDSL、VDSL2 等技术应运而生，新一代 xDSL 接入技术针对第一代 xDSL 接入技术存在的问题，提供了比较有效的解决办法，从而为 xDSL 接入技术的发展提供了强有力的支持。

2. Cable Modem（HFC）接入技术

基于 HFC（Hybrid Fiber-Coaxial，光纤与同轴电缆混合）的 Cable Modem 接入技术是在覆盖到家庭用户的 CATV（有线电视网络）的基础上开发的一种宽带接入技术，主要使用有线电视网络传输数据，它是光纤和同轴电缆相结合的混合网络，通常由光纤干线、同轴电缆支线和用户配线网络三部分组成，从有线电视台出来的电视信号先变成光信号在光纤干线上传输，到用户区域后再把光信号转换成电信号，经分配器分配后通过同轴电缆传输给家庭用户。

Cable Modem 接入技术有效利用了当前的先进成熟技术，融数字与模拟传输为一体，集光电功能于一身，在提供较高质量及较多频道的传统模拟电视节目的基础上，还能提供高速数据传输服务和多种信息增值服务。Cable Modem 接入技术利用现成的有线电视网络进行数据传输，因大部分有线电视网络是单向广播式网络，为了实现访问 Internet，需要对单向广播的有线电视网络进行改造，以实现数据的双向传输。

Cable Modem 接入技术的主要优点如下。

① 传输容量大，易实现双向传输，从理论上讲，一对光纤可同时传送 150 万路电话或 2 000 套电视节目。

② 频率特性好，在有线电视网络的传输带宽内无须均衡；传输损耗小，可延长有线电视网络的传输距离，25km 内无须中继放大。

③ 光纤间不会有串音现象，不怕电磁干扰，能确保信号的传输质量。

Cable Modem 接入技术的缺点如下。

① 有线电视网络架构属于共享带宽型，当 Cable Modem 接入的用户数量急剧增加时，速率就会明显下降且不稳定，扩展性不足。

② 需要对原有的同轴电缆线路进行双向数据传输的改造，有时还涉及更换线缆，成本较高。

③ 低频信号在同轴电缆上传输时易受干扰，往往导致数据传输质量不高；信号容易中断且定位故障点比较困难。

Cable Modem 接入技术虽然在国外拥有广泛的应用，但在国内使用很少。

3. 以太网接入技术

以太网技术是目前应用最广泛的一种局域网技术，以太网接入技术就是把以太网技术用于电信网络的接入部分，解决宽带接入问题。以太网接入能够提供高速 Internet 服务、语音和视频业务，而费用远远低于 xDSL 接入技术和 Cable Modem 接入技术。

以太网接入技术具有技术成熟、价格低廉、结构简单、稳定性和扩充性好、便于网络升级等优点，广泛应用于企事业单位、学校、公司等场合，但以太网接入技术覆盖范围较小，需要综合布线，施工周期长，初期投资成本高；接入设备数量众多、零散，网络管理和维护复杂。另外，以太网技术本身是一种局域网技术，用于电信网络接入时，在认证计费、用户管理、安全、服务质量保证和网络管理等方面尚缺乏完善的解决方案。尽管如此，在高度密集型的住宅小区、学校和办公大楼，以太网接入技术完全可以满足用户对传输距离和带宽的要求，既比较经济，又能兼顾未来的发展，是比较理想的接入技术。

4. 光纤接入技术

光纤是目前传输速率最高的传输介质，它具有容量大、性能稳定、防电磁干扰、保密性强、重量轻等诸多优点，故光纤接入技术是目前电信网络中发展最为迅速的接入技术。

光纤接入网根据光分配网采用的是有源还是无源设备，可以分为有源光网络（Active Optical Network，AON）和无源光网络（Passive Optical Network，PON）。有源光网络传输容量大、传输距离远、技术成熟，但给有源设备供电比较麻烦；无源光网络与有源光网络相比，覆盖范围和传输距离较小，但可靠性更高，价格更低，安装维护比较方便，更有发展潜力。

根据光纤深入用户群的程度，可将光纤接入网分为光纤到户（Fiber To The Home，FTTH）、光纤到路边（Fiber To The Curb，FTTC）、光纤到大楼（Fiber To The Building，FTTB）、光纤到办公室（Fiber To The Office，FTTO）、光纤到楼层（Fiber To The Feeder，FTTF）等几种类型，目前我国城市地区已基本实现光纤到户，用户可在家中通过光猫连接到光纤，实现 Internet 的高速接入。值得一提的是，FTTx 并不是具体的接入技术，而是光纤在光纤接入网中的推进程度或使用策略。

光纤接入技术是未来宽带接入技术的发展主流，是有线接入技术的终极方式，其技术上的优势是铜线接入无可比拟的，但目前要完全抛弃现有的铜线网络而全部重新铺设光纤，对于大多数国家和地区来说还是不经济、不现实的。

5．无线接入技术

无线接入技术是指用户终端到网络节点之间部分或全部采用无线介质传输的接入技术。无线接入技术可分为固定无线接入技术和移动无线接入技术。固定无线接入技术主要是为位置固定的用户或仅在小范围内移动的用户提供网络通信服务，它是有线接入技术的无线延伸，典型的固定无线接入技术就是无线局域网技术（即 Wi-Fi）。移动无线接入技术主要是为移动终端（即蜂窝移动通信系统）服务，终端用户可以在较大范围内移动。典型的移动无线接入技术包括 GSM、CDMA、GPRS、3G/4G/5G、LTE、WiMAX 等。

使用无线接入技术无须铺设线路，建设速度快，初期投资小，受环境制约小；覆盖范围广、扩展灵活，可以随时按照需要进行变更、扩容，抗灾难性比较强，已成为当前发展最快的接入技术之一。

从目前来看，宽带接入技术正呈现出宽带化、IP 化及业务融合化的趋势。由于 ADSL2+技术正逐步发展成熟，xDSL 接入技术在今后相当长一段时间内仍将拥有巨大的用户量。光纤接入技术具有带宽高、容量大、抗干扰、传输距离长等优势，已成为新一代宽带接入的主流技术，但高建设成本依然制约了其发展，要完全实现光纤入户还需要较长的时间。

三、项目实施

（一）项目分析

由于光纤具有抗干扰、容量大、传输距离远等特性，目前光纤接入技术已经成为宽带接入技术的主要发展方向。若要通过光纤高速上网，用户端必须安装光网络终端（Optical Network Terminal，ONT）。光网络终端俗称"光猫"，它是为家庭用户提供网络接入的设备，可以提供高速上网、IPTV、语音、Wi-Fi 等多种业务。

无论采用哪一种宽带接入方式，用户均需要向电信运营商申请网络接入服务，并由电信运营商分配上网账号（宽带账号），然后将该账号配置在光猫或无线路由器上。

（二）网络拓扑结构

光纤上网的网络拓扑结构如图 5-1、图 5-2 所示。计算机或无线路由器通过 RJ-45双绞线连接光猫背面的 4 个网络接口中的任一接口（最好是连接千兆网口），电话机通过 RJ-11 电话线连接光猫背面的电话口，而笔记本电脑、手机、平板电脑等无线设备通过无线方式连接光猫（也可以关闭光猫的无线功能，通过无线方式连接无线路由器）。光猫自身则通过下部的光纤接口连接墙内引出的光缆从而接入外部网络。

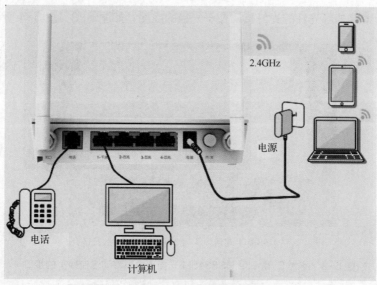

图 5-1　光纤上网的拓扑结构示意图（一）

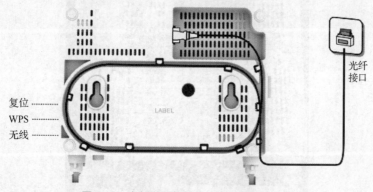

图 5-2　光纤上网的拓扑结构示意图（二）

（三）设备

（1）设备清单

① 安装 Windows 10 操作系统的台式计算机或笔记本电脑 1 台。

② 光猫 1 个（此处以华为 EchoLife HS8545M 光猫为例，若采用其他型号或其他厂商的光猫，其配置界面可能会有较大差异）。

③ 电话机 1 台（该设备也可以不要）。

④ 普通网线多条、电话线 1 条（若没有电话机，该线可以不要）。

（2）光猫简介

"光猫"就是光纤网络使用的 Modem，用来完成光、电信号之间的转换。光猫有多种接口，以中国移动定制的华为 EchoLife HS8545M 光猫为例，它有 4 个网络接口（LAN 接口，用于连接计算机或无线路由器）、1 个电话接口（用于连接电话机）、1 个 USB 接口（用于连接 USB

存储设备），而连接外部光纤的光纤接口位于光猫的底部，如图 5-3、图 5-4 所示。

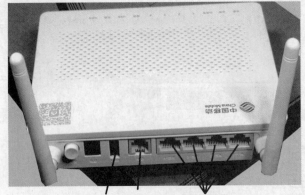

USB接口 电话接口 4个网络接口（LAN接口）

图 5-3　华为 EchoLife HS8545M 光猫（中国移动定制版）的接口

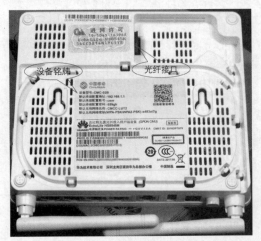

图 5-4　华为 EchoLife HS8545M 光猫底部的光纤接口与设备铭牌

（四）实施步骤

1. 配置上网账号及连接模式

配置光猫

　　将光猫加电，使用网线将计算机的网卡和光猫的任意网络接口连接起来，若设备曾经使用过或忘记登录账号，可长按"复位"键 10～15s 将其恢复到出厂设置。将计算机的 IP 地址设置成与光猫的 IP 地址在同一个网段（光猫的默认 IP 地址详见设备底部的设备铭牌）。

　　在计算机上打开浏览器，在地址栏中输入光猫的默认 IP 地址并按 Enter 键，出现登录窗口，如图 5-5 所示。若是光猫首次接入网络或已被恢复到出厂设置，需要在登录窗口中单击"设备注册"按钮对光猫进行注册，只有将其成功注册到运营商服务器上，光猫才能正常使用。光猫注册时需要输入 LOID 码（通常将其称为认证码、识别码或接入密码），该码由运营商的安装维护人员提供，一般会用标签纸贴在设备上。

图 5-5　登录窗口

光猫注册成功后，在登录窗口中输入账号及密码，便可登录到设备上进行配置。

> **注意**　若要设置上网账号，必须输入光猫的超级管理员账号（该账号可通过运营商工作人员获取），若以设备铭牌上的普通用户账号登录，将无法设置上网账号，因为这两个账号登录后看到的配置界面是不一样的。

以超级管理员账号登录到光猫后，切换至"网络"选项卡后单击"宽带设置"就可以设置网络连接的相关参数，如图 5-6 所示。

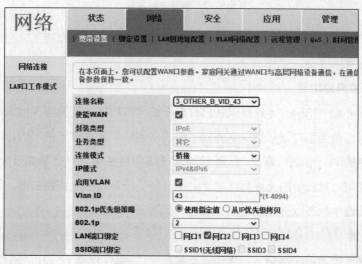

图 5-6　设置网络连接参数

华为 EchoLife HS8545M 光猫默认的连接模式为"桥接"，也就是未开启路由功能，计算机和无线路由器等设备需要自行配置上网账号，十分不便。为了简化配置工作量，方便用户上网，我们可以将光猫的连接模式设置为"路由"，此时将上网账号设置在光猫上便可以实现自动拨号，计算机与无线路由器等设备无须任何配置即可直接上网。

要把光猫设置成路由模式，首先在图 5-6 所示窗口的"宽带设置"中，将"连接名称"下拉列表中的"%_%_B_VID_%"（图中为 3_OTHER_B_VID_43）修改为"%_INTERNET_R_VID_%"（图 5-7 中的 2_INTERNET_R_VID_41）。

> **注意**　此处的"%"为占位符，对不同设备或不同地区，%所占位置处的字符会有所不同，字符串中的"B"是 Bridging（桥接）的首字母，"R"是 Router（路由器）的首字母。

然后在"连接模式"中将"桥接"改成"路由"，接着在"用户名"和"密码"文本框中分别输入运营商分配的宽带用户名和密码，如图 5-7 所示，最后单击"保存/应用"后重启光猫即可。

图 5-7　设置上网账号

以下配置步骤可以使用设备铭牌上载明的普通用户账号登录到光猫上来完成，并非一定要以超级管理员账号来登录。

2. 配置无线网络功能

华为 EchoLife HS8545M 光猫默认已开启无线网络功能，若要修改相关选项，可以使用超级管理员账号或普通用户账号登录到光猫，单击"网络"选项卡下的"WLAN 网络配置"，便可对光猫自带的 Wi-Fi 进行修改，包括 SSID（无线网络名称）、认证模式及无线网络密钥等。当然，若不想使用光猫自带的无线网络功能，而准备使用专门的无线路由器，可取消"启用无线网络"选项的选中状态以关闭无线网络功能，如图 5-8 所示。

3. 安全设置

若不想让某些设备访问网络，可单击"安全"→"MAC 过滤"，通过将特定 MAC 地址添加到黑名单中来禁止某些有线或无线终端访问网络，如图 5-9 所示。若要进行 MAC 地址过滤，首先勾选"启用"选项以使该功能生效，然后单击"添加"按钮将设备的 MAC 地址添加至列表中即可。

图 5-8　设置无线网络

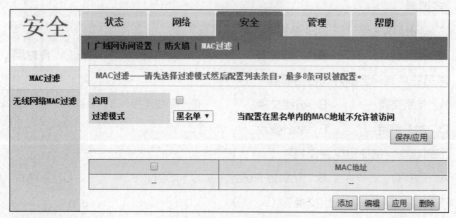

图 5-9　MAC 地址过滤

4．管理功能

　　若要修改光猫的登录密码，可单击"管理"→"用户管理"，先输入旧密码，再输入新密码，便可以成功修改用户的登录密码，如图 5-10 所示。

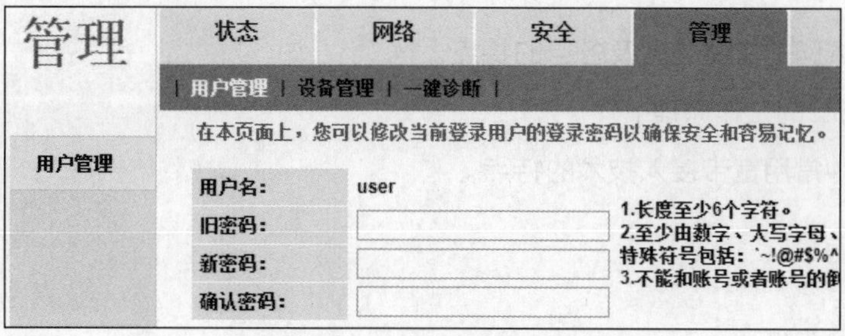

管理	状态	网络	安全	管理
	用户管理 ｜ 设备管理 ｜ 一键诊断 ｜			

在本页面上，您可以修改当前登录用户的登录密码以确保安全和容易记忆。

用户管理	用户名：	user
	旧密码：		1.长度至少6个字符。
	新密码：		2.至少由数字、大写字母、
	确认密码：		特殊符号包括：`~!@#$%^
			3.不能和账号或者账号的倒

图 5-10　修改用户登录密码

除此之外，在"管理"选项卡下，还可以执行重启设备、恢复默认配置、测试光猫与外部网络的连通性等操作，此处不再赘述。

课程思政

课程思政

课后练习

一、多选题

1. 广域网技术主要对应 OSI 参考模型的哪几层？（　　　）

  A. 物理层　　　　　　B. 数据链路层　　　　　C. 网络层　　　　　　D. 传输层

2. 常见的广域网连接方式包括哪些？（　　　）

  A. 电路交换　　　　　B. 分组交换　　　　　C. 专线连接

  D. 时分复用　　　　　E. 频分复用

3. 下列哪些网络使用电路交换？（　　　）

  A. PSTN　　　　　　B. Frame Relay　　　C. ISDN　　　　　　D. ATM

4. 下列哪些网络使用分组交换？（　　　）

  A. PSTN　　　　　　B. Frame Relay　　　C. ATM　　　　　　D. ISDN

5. 光猫有多种类型的有线接口，一般可以连接哪些设备？（　　　）

  A. 计算机　　　　　　B. 无线路由器　　　　　C. 显示器

  D. 电话机　　　　　　E. 键盘

二、简答题

1. 简述广域网的主要类型及各自的特点。

2. 简述 DSL 的工作原理。

3. 简述各种常用宽带接入技术的特点。

项目六
组建小型无线局域网

06

一、项目背景描述

小明是某公司的网络管理员，公司规模不大，只有 10 余人，员工主要携带笔记本电脑进行办公。公司原先只部署了有线局域网，该网络无法满足员工的移动办公需求，鉴于此，小明需要对办公室进行无线信号覆盖，以便为公司员工提供无线局域网接入。当然，考虑到无线信号的开放性，小明也需要采取必要的加密及接入控制措施来保证无线局域网的安全性。公司预算有限，所以通过光纤宽带拨号接入 Internet。

二、相关知识

（一）无线局域网概述

1. 无线局域网的定义

无线局域网（Wireless Local Area Network，WLAN）是指以无线电波作为传输介质，在一定的局部范围内将计算机等终端设备互联起来，构成的可以互相通信和实现资源共享的网络系统。无线局域网是计算机网络与无线通信技术相结合的产物，它利用射频技术，通过使用电磁波取代传统的线缆来组建局域网，使用户真正实现随时、随地、随意的网络接入，其特点是不再使用线缆将计算机等终端与网络连接起来，而是通过无线的方式将终端接入网络，从而使网络的构建和终端的移动更加灵活。

2. 无线局域网的特点

无线局域网是当前整个数据通信领域发展最快的产业之一，它已成为一种经济、高效的数据传输系统。与传统的有线局域网相比较，无线局域网具有以下优点。

① 具有网络接入的灵活性和移动性。在有线局域网中，终端设备的安放位置受布线节点位置的限制，而无线局域网在无线信号覆盖区域内的任何一个位置都可以随时随地将终端接入

网络，免去或减少了繁杂的网络布线。无线局域网的另一个优点在于其移动性，连接到无线局域网的用户可以随意移动且能同时与网络保持连接。

② 安装便捷快速。传统的有线局域网的网络布线工作量大，如果建筑物中没有预留线路，布线及调试的工程量将非常大且费时费力，而无线局域网可以免去或减少网络布线的工作量，一般只需安装一个或多个无线接入点，就可以建立覆盖某一区域的局域网络。

③ 易于进行网络规划和调整、易于扩展。有线局域网建设中的布线施工需要破墙掘地、穿线架管，若办公地点或网络拓扑结构发生改变，通常意味着重新构建网络，这个代价是相当大的，而无线局域网可以避免或减少以上情况的发生。另外，无线局域网扩容也很方便，相比有线局域网一个接口只能连接一台设备，无线接入点允许多个无线终端同时接入网络，因此在网络规模扩大时无线局域网更显优势。

当然，与有线局域网相比，无线局域网也有不足之处，主要体现在以下几个方面。

① 易受干扰、性能不稳定。无线局域网依靠无线电波进行传输，容易受到外界环境的干扰，如建筑物、墙壁、树木和其他障碍物都可能阻碍电磁波的传输。同时，无线局域网使用无须授权的开放频段，工作在相同频率的其他设备会对无线设备的正常工作产生干扰。所以无线局域网一般具有易受干扰、性能不稳定等缺点。

② 传输速率较低。目前无线局域网的传输速率还是比有线局域网低很多，且信号衰减也比较快。

③ 安全性较差。无线局域网不要求建立物理的连接通道，而是采用公共的无线电波作为载体，无线信号也是发散的。从理论上讲，任何人都有可能监听到无线信号，因此容易造成信息泄漏，形成安全隐患。

（二）无线局域网标准 IEEE 802.11x

当前的无线局域网技术大多是基于 IEEE 802.11 的 Wi-Fi 无线局域网技术，IEEE 802.11 已成为业界的主流无线局域网技术标准。

1990 年，IEEE 802 标准化委员会成立无线局域网标准工作组，主要研究工作在 ISM 频段（工业科学医疗频段）的无线设备和网络发展的全球标准。

1997 年 6 月，无线局域网标准工作组颁布了 IEEE 802.11 标准，这是无线局域网的第一次亮相，该标准规范了无线局域网的物理层和 MAC 子层，使得不同厂商的各种无线产品得以互联。IEEE 802.11 主要用于解决办公室、校园网中用户与用户终端的无线接入，传输速率最高只能达到 2Mbit/s。

1999 年 9 月，IEEE 对 IEEE 802.11 进行了完善和修订，提出了 IEEE 802.11a 和 IEEE 802.11b，这两个标准互不兼容。IEEE 802.11a 工作在 5.8GHz 频段，数据传输速率最高为 54Mbit/s，虽然高频段让 IEEE 802.11a 受到的干扰更小，但 IEEE 802.11a 信号衰减快，穿

透力较弱，导致它更容易被墙壁或其他障碍物阻挡吸收，因而 IEEE 802.11a 的覆盖范围不及 IEEE 802.11b，所以 IEEE 802.11a 没有被广泛采用。IEEE 802.11b 工作在 ISM 频段，数据传输速率达到 11Mbit/s。相对于 IEEE 802.11a，IEEE 802.11b 的信号传输距离更远，使用更广泛，但其传输速率不及 IEEE 802.11a。

2003 年 6 月，IEEE 颁布 IEEE 802.11g，该标准与 IEEE 802.11b 使用相同的工作频段（2.4GHz 频段），因而能够兼容 IEEE 802.11b，但其传输速率更高，最高可达 54Mbit/s。

2009 年 9 月，IEEE 正式通过 IEEE 802.11n，802.11n 可工作在 2.4GHz 和 5.8GHz 两个频段，理论传输速率最高可达 600Mbit/s（业界主流传输速率为 300Mbit/s），比 IEEE 802.11b 快 50 倍左右，而比 IEEE 802.11g 快 10 倍左右，且其传输距离更远，IEEE 802.11n 可兼容 IEEE 802.11a/b/g，已成为当前无线局域网使用的主要标准。

2013 年，IEEE 802.11ac 发布，它是 IEEE 802.11n 的继承者，工作在 5.8GHz 频段，兼容 IEEE 802.11a/n，传输速率提高至 1Gbit/s 以上。与前面的几项 IEEE 802.11 系列标准相比，IEEE 802.11ac 具有更高的吞吐率、更少的干扰，允许更多的用户接入。

2019 年，IEEE 802.11ax 发布，它支持 2.4GHz 和 5.8GHz 频段，向下兼容 IEEE 802.11a/b/g/n/ac，其主要特点是容量和速率进一步提升，引领无线通信进入 10Gbit/s 时代，多用户并发性能提升 4 倍，让网络在高密度接入、业务重载的情况下，依然保持优秀的服务能力。

Wi-Fi 是一种基于 IEEE 802.11x 的无线局域网技术。在 IEEE 802.11ax 推出之际，Wi-Fi 联盟将新 Wi-Fi 规格的名字简化为 Wi-Fi 6，IEEE 802.11ac 改称 Wi-Fi 5、IEEE 802.11n 改称 Wi-Fi 4，其他以此类推。

Wi-Fi 代际与 IEEE 802.11x 中各种标准的主要特性如表 6-1 所示。

表 6-1　Wi-Fi 代际与 IEEE 802.11x

Wi-Fi 代际	协议标准	发布年份	频段	速率	兼容性
Wi-Fi 1	IEEE 802.11	1997	2.4 GHz	2 Mbit/s	
Wi-Fi 2	IEEE 802.11 b	1999	2.4 GHZ	11 Mbit/s	
Wi-Fi 3	IEEE 802.11 a	1999	5.8 GHz	54 Mbit/s	
	IEEE 802.11 g	2003	2.4 GHz	54 Mbit/s	兼容 IEEE 802.11b
Wi-Fi 4	IEEE 802.11 n	2009	2.4 GHz 或 5.8 GHz	600 Mbit/s	兼容 IEEE 802.11a/b/g
Wi-Fi 5	IEEE 802.11 ac Wave1	2013	5.8 GHz	1.3 Gbit/s	兼容 IEEE 802.11a/n
Wi-Fi 6	IEEE 802.11 ac Wave2	2015	5.8 GHz	3.47 Gbit/s	兼容 IEEE 802.11a/n
	IEEE 802.11 ax	2019	2.4 GHz 或 5.8 GHz	10 Gbit/s	兼容 IEEE 802.11a/b/g/n/ac

（三）无线局域网的拓扑结构

一般来说，无线局域网有两种基本网络拓扑结构：点对点网络和基础结构网络。

1．点对点网络（Ad-Hoc 模式）

点对点网络是最简单的无线局域网结构，又称为无中心网络或无 AP（Access Point，接入点）网络，它是一种省去了无线 AP 而组建的对等网络，由一组配备无线网卡的计算机（称之为"无线终端"或"无线客户端"）组成。点对点网络中没有任何中心控制设备，所有的无线终端地位平等，网络中任意两个终端之间均通过无线网卡点对点直接通信。点对点网络仅适用于无线节点数相对较少（通常在 5 个节点以下）的临时应用环境，且无法与其他网络通信。点对点网络的拓扑结构如图 6-1 所示。

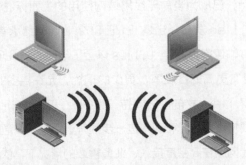

图 6-1　点对点网络（Ad-Hoc 模式）的拓扑结构

2．基础结构网络（Infrastructure 模式）

在基础结构网络中，具有无线网卡的终端以无线 AP 为中心，所有无线通信都通过无线 AP 来转发，由无线 AP 控制终端设备对网络的访问。终端通过无线电波与无线 AP 相连，无线 AP 通过线缆连接有线局域网，从而实现无线局域网和有线局域网的互连。基础结构网络是最常见的一种无线局域网部署方式，它的特点是网络易于扩展、便于集中管理、能提供身份验证等，其拓扑结构如图 6-2 所示。

图 6-2　基础结构网络（Infrastructure 模式）的拓扑结构

（四）无线局域网设备

无线局域网可以独立存在，也可以和有线局域网共同存在并进行互联。组建无线局域网的常用设备包括无线终端、无线接入点或无线路由器、无线控制器、无线天线、无线网桥及 POE 交换机等。

（1）无线终端

无线终端即支持 IEEE 802.11 的终端设备，如安装了无线网卡的 PC、支持无线局域网的移动电话和 PDA（掌上电脑）等，都属于无线终端（也称为"无线客户端"）。无线终端必须配备无线网卡才能进行无线通信，无线网卡的作用类似于有线局域网中的以太网网卡，它作为无线局域网的接口，能够实现与无线局域网的连接与通信。

无线网卡根据接口类型的不同，主要分为 3 种：PCI 无线网卡、PCMCIA 无线网卡（适用于笔记本电脑）和 USB 无线网卡，如图 6-3、图 6-4 所示。目前的笔记本电脑、手机和 PDA 都内置了无线网卡，可以直接与其他无线设备进行交互。

图 6-3　PCMCIA 无线网卡

图 6-4　USB 无线网卡

（2）无线接入点

无线接入点（无线 AP）是终端进入无线局域网的接入点，其作用类似于有线局域网中的交换机，它在无线局域网与有线局域网之间传输数据，是无线用户进入有线局域网的桥梁。

无线 AP 根据功能的差异，可分为胖 AP（Fat AP）和瘦 AP（Fit AP）两种。胖 AP 拥有独立的操作系统，它将接入、加密、认证、网管、漫游、安全等功能集于一身，可单独进行配置和管理，适合于构建中小规模的无线局域网。瘦 AP 仅负责无线接入及加密、认证中的部分功能，不能单独使用，必须通过无线控制器（Access Controller，AC）进行统一的管理和配置，适合于构建大中规模的无线局域网。很多厂商生产的无线 AP 可以在胖 AP 和瘦 AP 模式之间进行切换。

无线 AP 根据安放位置的不同，可以分为室内型和室外型，如图 6-5、图 6-6、图 6-7 所示。

图 6-5　室内放装型无线 AP

图 6-6　室内墙面型无线 AP

图 6-7　室外无线 AP

（3）无线路由器

无线路由器也称为宽带路由器，它是无线 AP、有线路由器和交换机的一种结合体。无线路由器除了具有无线 AP 的无线接入功能外，一般同时具有 WAN 接口和 LAN 接口，并具有 DHCP、DNS 和防火墙等功能。借助于无线路由器，可实现家庭或办公网络的 Internet 连接共享。另外，无线路由器可以把连接它的无线与有线终端都分配到同一个子网，这样子网内的各种设备交换数据就非常方便。无线路由器如图 6-8 和图 6-9 所示。

图 6-8　无线路由器（一）

图 6-9　无线路由器（二）

（4）无线控制器

随着无线局域网覆盖范围的增大，接入的用户越来越多，需要部署的无线 AP 数量也会增多，单独去管理和维护数量众多的无线 AP 就变得十分麻烦。无线控制器是大规模无线组网的核心设备，它一般配合瘦 AP 一起使用。在 AC+Fit AP 模式中，不需要对每个无线 AP 进行单独配置，而是通过无线控制器来集中配置和管理无线局域网中的多个无线 AP，包括向无线 AP 下发配置、修改无线参数、射频管理、接入安全控制等，从而大大减少了网络管理的工作量。某网络厂商的无线控制器如图 6-10 所示。

图 6-10　无线控制器

（5）无线天线

当无线局域网中的网络设备相距较远时，随着信号的衰减，传输速率会明显下降甚至无法进行正常的无线通信，此时就要借助于无线天线对所接收或发送的信号进行增强。无线网卡、无线路由器等都自带有无线天线，同时某些设备还有单独的无线天线。无线天线常见的有室内天线和室外天线两种，如图 6-11 和图 6-12 所示。

图 6-11　室内吸顶天线

图 6-12　室外抛物面天线

（6）无线网桥

无线网桥通常用于室外，它利用无线传输方式在不同独立网络之间搭起通信的桥梁，这些独立的网络通常位于不同的建筑内，可能相距几百米到几十千米。无线网桥具有功率大、传输距离远（最大可达几十千米）、抗干扰能力强等特点，其天线既可以内置，也可以搭配外置天线以实现长距离的点对点连接。无线网桥不可能只使用一个，必须两个以上配对使用，如图 6-13 所示。

图 6-13　无线网桥

（7）POE 交换机

在无线局域网中，无线 AP 数量较多、部署地点分散且安装位置较高，如何为无线 AP 供电成为一个难点。POE（Power Over Ethernet，以太网供电）技术是指通过一条双绞线同时传输数据信号和进行直流供电的技术。POE 交换机就是支持以太网供电的交换机，其内置 POE 供电模块，可以为无线 AP、IP 电话、网络摄像机等设备提供有线数据传输，同时还能集中对其进行远程供电（供电距离一般在 100m 以内），从而可以节省电源布线成本，方便统一管理，降低部署和维护的难度，因而在无线局域网中得到了广泛应用。POE 交换机外观与普通交换机无异，它通过一条普通的双绞线传输数据并同时向设备供电，如图 6-14 所示。

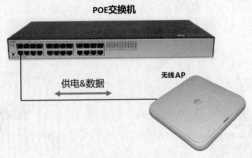

图 6-14　POE 交换机

（五）无线局域网安全

无线局域网安全是无线局域网的一个重要组成部分。由于无线局域网采用开放的电磁波作为载体来传输网络信号，通信双方没有线缆连接，这使得无线局域网比传统有线局域网面临更大的安全威胁，用户的数据更容易被窃听和篡改。

1. 无线局域网面临的安全威胁

① 未经授权的接入。在开放的无线局域网中，未经授权的用户可能会非法接入无线局域网，与合法用户共享带宽，导致合法用户的可用带宽减少，影响用户的使用体验，甚至可能会导致重要数据和敏感信息的外泄。

② MAC 地址欺骗。若无线 AP 基于 MAC 地址来过滤非法用户，攻击者可以通过抓包工具抓取无线数据包，获取合法用户的 MAC 地址，并假冒合法的 MAC 地址以欺骗无线 AP 通过验证，从而非法接入网络或非法获取资源。

③ 无线窃听。由于无线局域网的开放性，处于无线信号覆盖范围内的攻击者可以监听无线传输信号，故通过无线局域网传输的信息更容易被窃听、截获，从而导致泄密情况发生。

④ 拒绝服务攻击。攻击者可以在短时间内持续向无线 AP 发送大量数据进行泛洪攻击，使无线 AP 停止提供服务，从而导致网络瘫痪，这是一种比较严重的网络攻击方式。

⑤ 非法无线 AP。非法无线 AP 是指未经授权就部署在无线局域网中，用来干扰网络正常运行或窃取信息的无线 AP。攻击者安装一个非法无线 AP 并将其 SSID 设置成与合法无线 AP 的 SSID 相同，从而诱导用户与之建立连接，并可以进一步伪造交易页面，给受害人造成经济损失。如果非法无线 AP 配置了正确的安全密钥，还可以截获客户端数据，获取用户密码等敏感信息，此种攻击方式简单易操作，且比较难以发现。

2. 无线局域网认证与加密技术

面对无线局域网面临的安全威胁，为了保护其安全，必须采用有效的认证与加密技术，以确保只有授权用户才能访问网络，且保证用户传输的数据不被泄露。目前无线局域网常用的安全技术措施主要有：禁止 SSID 广播、MAC 地址过滤、WEP、WPA、端口访问控制技术（802.1x）等几种。

（1）禁止 SSID 广播

SSID（Service Set Identifier，服务集标识符）就是无线局域网的名称，无线终端只有知道 SSID，才能通过无线 AP（或无线路由器）访问网络。SSID 通常由无线 AP 广播出来，无线终端通过自带的扫描功能可以搜索到当前区域内的可用 SSID。出于安全考虑，如果不想让自己的无线局域网被别人搜索到，可以考虑禁止 SSID 广播。禁止 SSID 广播后，该无线局域网仍然可以使用，只是不会被无线终端搜索到，无线终端若要访问该网络，必须手动输入 SSID，故可以认为 SSID 是一个简单的口令，提供了一定的安全性。当然，即使 SSID 不广播，入侵者仍然可以利用某些工具扫描出该无线局域网并进行入侵。

（2）MAC 地址过滤

MAC 地址过滤就是通过 MAC 地址来决定是否允许或拒绝特定的用户（无线终端）访问

无线局域网。由于每个无线终端都有一个唯一的 MAC 地址，因此可以通过检查数据包的源 MAC 地址来判断其合法性，从而拒绝 MAC 地址不合法的无线终端，仅允许特定的用户设备接入网络。为此需要预先在无线 AP（或无线路由器）中维护一组允许或禁止访问网络的 MAC 地址列表，以实现基于 MAC 地址的访问过滤。MAC 地址过滤要求无线 AP 中的 MAC 地址列表必须动态更新，且只能手动添加或删除，因而维护工作量较大，可扩展性差，而且 MAC 地址在理论上可以伪造或复制，因此这也是较低级别的安全技术。

（3）WEP

有线等效加密（Wired Equivalent Privacy，WEP）是无线局域网最早采用的加密方式，使用 RC4 对称加密算法来保证数据的机密性，它采用静态加密的密钥，通过共享密钥来进行认证和加密，无线 AP 和无线终端必须使用相同的密钥才能访问网络。

WEP 密钥的长度一般有 64 位和 128 位两种。其中初始化向量（24 位）是由系统产生的，因此需要在无线 AP 和无线终端上配置的共享密钥就只有 40 位或 104 位。在实际应用中，已经广泛使用 104 位密钥的 WEP 来代替 40 位密钥的 WEP。虽然 WEP104 在一定程度上提高了 WEP 的安全性，但是受到 RC4 对称加密算法及静态密钥的限制，WEP 还是存在比较大的安全隐患。目前 WEP 已经被破解。

WEP 安全策略包括身份认证机制和数据加密机制，其中身份认证机制分为开放系统认证机制和共享密钥认证机制。

开放系统认证机制：可以称之为"无验证"，此时 WEP 密钥只做加密不做认证，用户终端不需要验证即可接入网络。用户上线后，可以选择是否使用 WEP 密钥对传输数据进行加密。

共享密钥认证机制：此时 WEP 密钥同时用作认证和加密，无线 AP 和用户终端预先配置相同的密钥，通过验证两端的密钥是否相同来判断是否通过认证。如果两端的密钥一致则通过认证，如果不一致则认证失败，用户终端将无法接入网络。用户上线后，可以使用 WEP 密钥对传输数据进行加密。

（4）WPA/WPA2

Wi-Fi 保护接入（Wi-Fi Protected Access，WPA）是代替传统 WEP 的另外一种加密方式。WPA 是一种继承了 WEP 基本原理而又解决了 WEP 缺点的新的安全技术，它的核心加密算法仍然是 RC4，并在 WEP 基础上提出了 TKIP 和 CCMP 加密算法。由于其加强和改进了加密算法，因此即便捕获到无线数据包并对其进行解析，也几乎无法计算出通用密钥，因而 WPA 的安全性大大增强。WPA 有两个版本：WPA 和 WPA2，采用的加密认证方式有 WPA-802.1x、WPA2-802.1x、WPA-PSK、WPA2-PSK 四种。其中，WPA/WPA2-802.1x 为企业版，采用 IEEE 802.1x 接入认证方式，使用 RADIUS（Remote Authentication Dial In User Service，远程认证拨号用户服务）服务器进行用户认证，适用于大中型企业网络；WPA/WPA2-PSK 为个人版，采用简单的共享密钥进行认证，一般适用于小型或家庭网络。

（5）端口访问控制技术（802.1x）

IEEE 802.1x 是一种基于端口的网络接入控制协议，它在无线接入设备（即无线 AP）的端口对所接入的用户设备进行认证和控制。连接在端口上的用户设备如果通过认证，就可以访问无线局域网中的资源；如果不能通过认证，则无法访问任何资源。

IEEE 802.1x 既可以用于有线局域网，也可以用于无线局域网。一个具有 IEEE 802.1x 认证功能的无线网络系统必须具备以下三个要素才能够完成基于端口访问控制的用户认证和授权。

客户端：客户端是被认证的无线终端。客户端一般需要安装认证软件，当用户有上网需求时，客户端激活认证程序，输入必要的用户名和口令，认证程序将会向认证系统发出认证请求。

认证系统：认证系统在无线局域网中就是无线 AP 或者具有无线接入功能的通信设备。其主要作用是完成用户认证信息在客户端与认证服务器之间的传递，并根据认证的结果控制用户是否接入网络。

认证服务器：认证服务器通过验证客户端发送来的身份标识（用户名和口令）来判别用户是否合法，并根据认证结果通知认证系统是否允许客户端接入。一般普遍采用 RADIUS 作为认证服务器。

三、项目实施

（一）项目分析

随着科学技术的发展，光纤入户已经成为宽带接入技术的主要发展方向，它可以在接入的网络中实现 Internet 宽带、电视和电话三网合一。要通过光纤上网，必须使用光猫作为接入设备，其主要功能是完成光信号与电信号之间的转换，除此之外，现在几乎所有运营商的光猫都集成了无线功能，故无线上网既可以使用无线路由器，也可以使用光猫。但运营商定制的光猫硬件配置较低，信号较弱，覆盖范围也很小，且通常只支持工作在 2.4GHz 频段的 Wi-Fi；而无线路由器专注于无线接入，其硬件配置较高，性能较强，同时支持工作在 2.4GHz/5.8GHz 双频段的 Wi-Fi，无线信号通常比光猫的无线信号更强，覆盖范围更大，并且无线路由器的功能较多，故本项目选择无线路由器作为接入设备。

当然，对于家庭或小微企业来说，因其场所不大且用户数量较少，无线路由器基本可以满足无线接入的要求，但随着企业规模的增大，无线路由器将无法适应大规模组网的需求，这时就需要使用无线 AP 来实现大范围无线信号的覆盖。与无线路由器相比，无线 AP 的覆盖范围更广，可接入的无线终端更多，但价格也比无线路由器贵得多。

（二）网络拓扑结构

本项目的网络拓扑结构如图 6-15 所示。

图 6-15　小型无线局域网的拓扑结构

（三）设备

（1）设备清单

① 安装 Windows 10 操作系统的笔记本电脑或台式计算机若干台（若计算机数量不足，至少需要 1 台笔记本电脑）。

② TP-Link 无线路由器 1 台（此处以 TL-WR742N 为例，若采用其他型号或其他品牌的无线路由器，其配置界面可能会有较大差异）。

③ 光猫 1 个。

④ 普通网线多条。

（2）无线路由器简介

无线路由器是用于用户上网并带有无线接入功能的路由器，它既可以连接有线客户端，也可以连接无线终端。无线路由器背面一般有 4 个网络接口（LAN 接口），用于通过双绞线连接电脑；1 个 WAN 接口，用于通过双绞线连接光猫，其接口如图 6-16 所示。

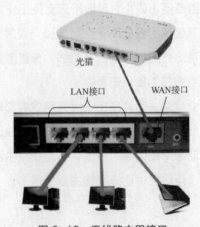

图 6-16　无线路由器接口

（四）实施步骤

因光猫的连线及配置已在项目五中进行了介绍，此处不再对其进行详述，本项目仅涉及无线路由器的连接和配置。

1．硬件连接

将无线路由器和光猫的电源线连接到电源插座上，确保设备供电正常。连线时，将从墙上引出的光缆连接至光猫的光纤接口，再使用一条网线从光猫的任一 LAN 接口连接至无线路由器的 WAN 接口，而采用有线方式连接的台式计算机或笔记本电脑则用网线连接至无线路由器的任意 LAN 接口，组建无线局域网的硬件连接如图 6-17 所示。

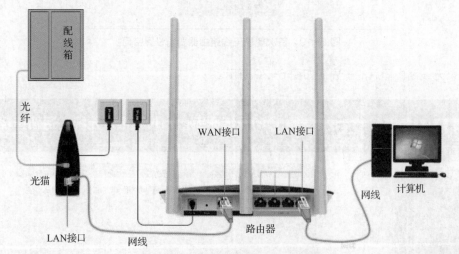

图 6-17　无线局域网硬件连接示意图

2．配置无线路由器

（1）登录无线路由器

使用网线将计算机的网卡和无线路由器的任意 LAN 接口连接起来，若设备曾经使用过，可长按"Reset"键 5s 以上将其恢复到出厂默认设置。待无线路由器启动起来，计算机会自动获取到 IP 地址。

配置 TP-Link
无线路由器

在计算机上打开网页浏览器，在地址栏输入 TP-Link 无线路由器的默认 IP 地址：192.168.1.1（其他品牌无线路由器的默认 IP 地址可参看随机说明书或官方网站），按 Enter 键后出现登录界面，输入无线路由器的登录密码（管理员密码），如图 6-18 所示。

图 6-18　登录无线路由器

若忘记登录密码，可在加电状态下，按"Reset"键将其恢复到出厂设置。在无线路由器恢复出厂设置或首次登录无线路由器时，要求设置管理员的登录密码，如图 6-19 所示。

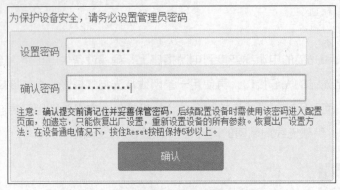

图 6-19　首次登录无线路由器要求设置密码

登录无线路由器后的主界面如图 6-20 所示。

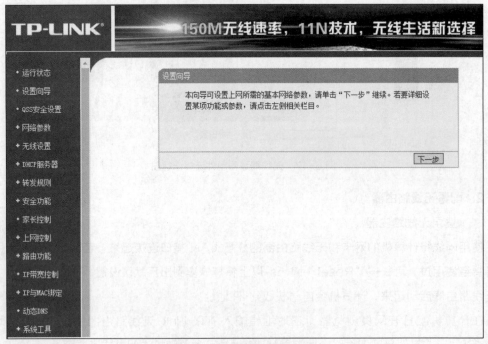

图 6-20　无线路由器主界面

（2）设置上网方式

在无线路由器主界面的"设置向导"中，单击"下一步"按钮，设置上网方式，如图 6-21 所示。若使用调制解调器或光猫上网，则选择"PPPoE"；若通过局域网上网，则一般选择"动态 IP"。当然，若不清楚自己的上网方式，也可以直接选择"让路由器自动选择上网方式"，此处选择第二项"PPPoE"。

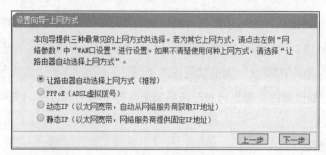

图 6-21　设置上网方式

（3）设置上网账号

单击"下一步"按钮，输入电信运营商提供的上网账号及口令，如图 6-22 所示。

注意　　若通过光纤上网，如果光猫的连接模式为"路由"，上网账号只需要设置在光猫上，无须在无线路由器上输入上网账号；如果光猫的连接模式为"桥接"，则无线路由器上必须输入上网账号。

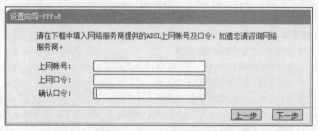

图 6-22　设置上网账号

（4）设置无线局域网名称及访问密码

单击"下一步"按钮，输入 SSID 及访问密码，如图 6-23 所示。SSID 就是无线局域网的名称，最长不超过 32 个字符；PSK 密码（预共享密码）就是访问无线局域网的密码，该密码既用于无线局域网的接入认证，也用于加密无线信号。

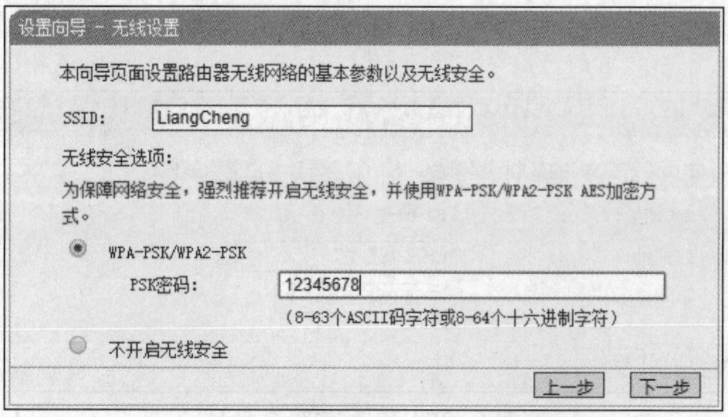

图 6-23　设置无线局域网名称及访问密码

单击"下一步"按钮及"完成"按钮，退出设置向导，无线路由器的基本设置完成，计算机就可以访问外部网络，无线局域网也可正常使用。此时可以在计算机上打开浏览器，输入一个常用的网址，测试能否正常上网。

当然，若要对前面设置的参数进行修改或增加无线局域网的安全性，可继续进行下面的操作。

修改无线路由器的配置

（5）修改网络参数

① 修改 WAN 接口设置

单击主界面左侧的"网络参数"→"WAN 口设置"，在"WAN 口设置"窗口中可修改上网方式、上网账号及是否自动连接外部网络，如图 6-24 所示。

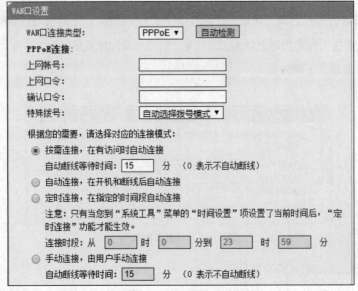

图 6-24　修改 WAN 接口设置

② 修改管理 IP 地址

基于安全考虑，可以单击主界面左侧的"网络参数"→"LAN 口设置"，在"LAN 口设置"窗口中修改无线路由器的默认管理 IP 地址，如图 6-25 所示。

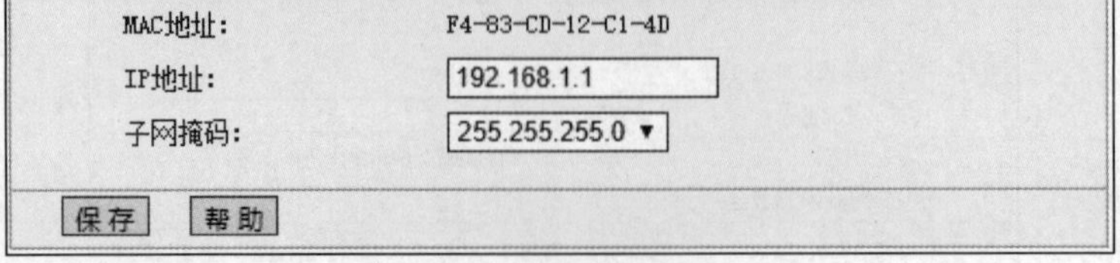

图 6-25　修改管理 IP 地址

（6）修改无线网络设置

① 修改 SSID 及基本参数

单击主界面左侧的"无线设置"→"基本设置"，在"无线网络基本设置"窗口中可修改 SSID 及是否禁止 SSID 广播，如图 6-26 所示。若禁止 SSID 广播，无线终端将无法扫描到该 SSID，增加了网络的安全性。但禁止 SSID 广播后，无线终端需要手动输入正确的 SSID，这增加了终端用户的工作量和复杂性，故一般不禁止 SSID 广播。

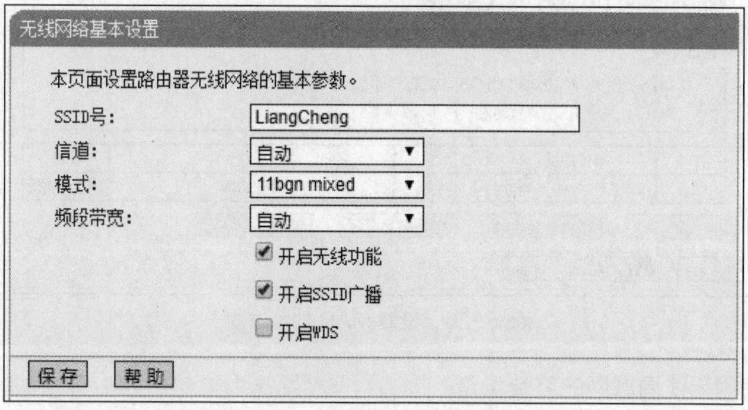

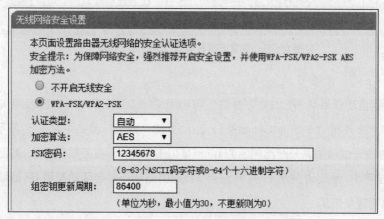

图 6-26　修改 SSID 及基本参数

② 修改无线局域网密码

单击主界面左侧的"无线设置"→"无线安全设置"，在"无线网络安全设置"窗口中可修改无线局域网的加密类型及密码，如图 6-27 所示。无线局域网的认证类型及加密算法一般不需要修改，但为了增加他人暴力破解密码的难度，密码可以设置得复杂一些（该密码也同时用作无线局域网的访问密码）。

图 6-27　修改无线局域网的加密类型及密码

③ MAC 地址过滤

单击主界面左侧的"无线设置"→"无线 MAC 地址过滤"，在弹出的窗口中可通过将 MAC

地址添加到黑/白名单中来禁止/允许终端访问无线局域网，如图 6-28 所示。若不希望特定终端访问无线局域网，可单击"添加新条目"按钮将该终端的 MAC 地址添加至列表中，设置过滤规则为"禁止"并单击"启用过滤"按钮。

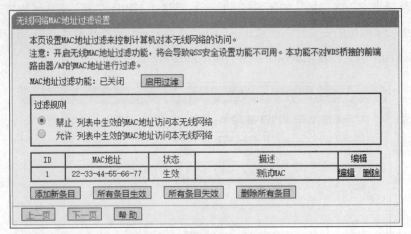

图 6-28　设置 MAC 地址过滤

④　查看使用无线局域网的终端设备

单击主界面左侧的"无线设置"→"主机状态"，在弹出的窗口中会显示当前连接到无线路由器的终端数量及其 MAC 地址，如图 6-29 所示。

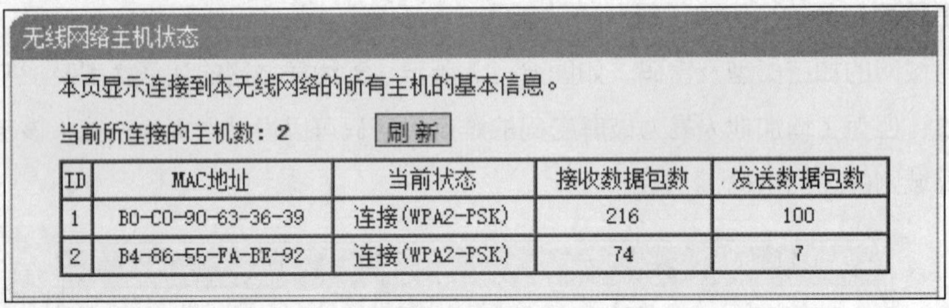

图 6-29　查看连接到无线路由器的终端设备

（7）修改 DHCP 参数

为方便终端自动获取到 IP 地址等参数，可启用 DHCP 服务（默认已启用）。单击主界面左侧的"DHCP 服务器"→"DHCP 服务"，在"DHCP 服务"窗口中可以启用/不启用 DHCP 服务，并可以修改无线路由器分配给终端的 IP 地址范围及 DNS 服务器等参数，如图 6-30 所示。当然，基于安全考虑，也可以关闭 DHCP 服务，此时终端用户需要手动配置 IP 地址及相关参数。

（8）修改管理员密码

若要修改无线路由器的管理员密码（登录密码），可单击主界面左侧的"系统工具"→"修改登录密码"，在"修改管理员密码"窗口中先输入原密码，再输入新密码，便可以成功修改无线路由器的管理员密码，如图 6-31 所示。

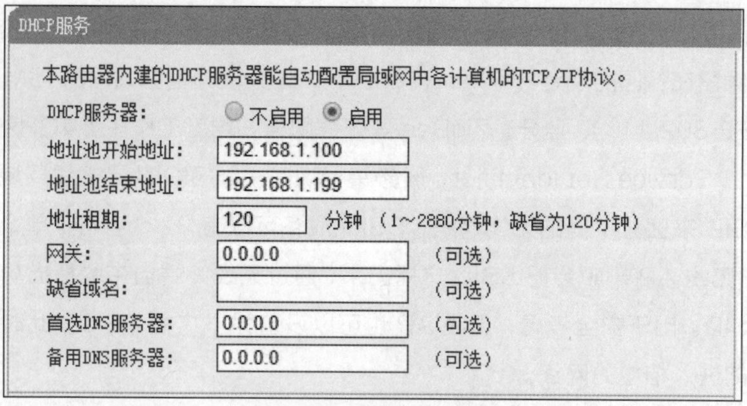

图 6-30 设置 DHCP 服务

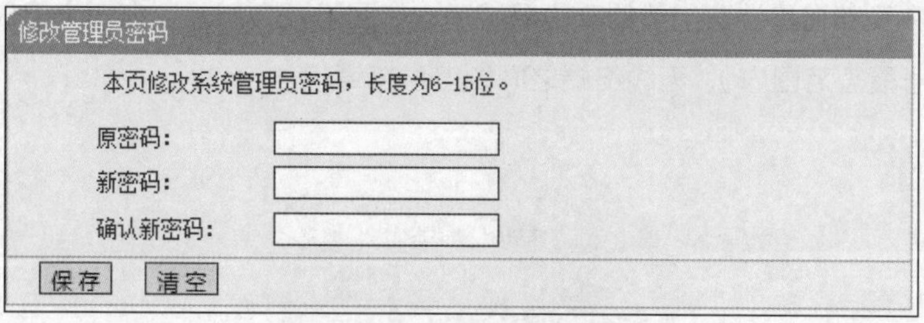

图 6-31 修改管理员密码

除此之外，通过"系统工具"还可以测试无线路由器与外部网络的连通性、升级无线路由器的软件版本、恢复出厂设置、备份配置文件、重启无线路由器等，此处不再赘述。

3．连接无线终端

打开笔记本电脑的无线局域网连接功能（一般会自动开启），若台式计算机也希望通过无线方式上网，可另行购买 USB 无线网卡并安装相应的驱动程序。在计算机桌面的任务栏右下角单击网络连接图标，在弹出的网络列表中选择要连接的无线局域网名称，然后单击"连接"按钮，输入无线局域网的访问密码，计算机便可以自动从无线路由器获取 IP 地址并成功上网。

4．连接有线终端

若有少量台式计算机没有配备无线网卡而需要上网的话，可使用网线将计算机连接到无线路由器的 LAN 接口，并将计算机的 IP 地址设置成自动获取即可访问外部网络。因无线路由器一般只有 4 个 LAN 接口，所以连接的有线终端不能超过 4 台。

四、知识拓展

无线局域网的相关术语

① ISM 频段：ISM 表示工业的（Industrial）、科学的（Scientific）和医学的（Medical）。顾名思义，ISM 频段就是各国预留并开放给工业、科学和医学机构使用的频段。使用这些频段

无须许可证或费用，只需要遵守一定的发射功率（一般低于 1W）并且不要对其他频段造成干扰即可。ISM 频段在各国的规定并不统一，但 2.4GHz 频段为各国共同的 ISM 频段。因此无线局域网（IEEE 802.11x）、蓝牙、ZigBee 等无线网络，均可工作在 2.4GHz 频段上。

② SSID（Service Set Identifier，服务集标识符）：SSID 就是无线局域网的名称，无线局域网用 SSID 来区分不同的无线网络，SSID 最多可以有 32 个字符。单个无线 AP 可以有多个 SSID，无线 AP 一般会把 SSID 广播出来，通过无线终端自带的扫描功能可以查看当前区域内的 SSID。出于安全考虑，无线 AP 也可以设置为不广播 SSID，此时用户就要手动设置 SSID 才能进入相应的网络。

③ BSS（Basic Service Set，基本服务集）：BSS 是一个无线 AP 提供的覆盖范围，是由一个无线 AP 及数台终端所组成的无线局域网，如图 6-32 所示。在一个 BSS 的服务区域内（即射频信号覆盖范围内），无线终端之间能够直接通信。

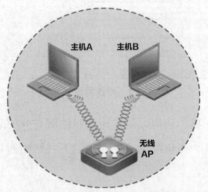

图 6-32　BSS（基本服务集）

④ ESS（Extended Service Set，扩展服务集）：BSS 可以通过多个无线 AP 来进行覆盖范围的扩展，采用相同 SSID 的多个 BSS 组成一个更大规模的虚拟 BSS，这个虚拟的 BSS 即称为 ESS，如图 6-33 所示。无线终端可以在 ESS 内自由移动和漫游，不管用户移动到哪里，都可以认为使用的是同一个无线局域网。

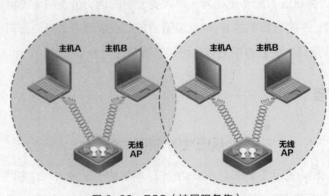

图 6-33　ESS（扩展服务集）

⑤ 漫游（Roaming）：漫游指无线终端从一个无线 AP 切换到另外一个无线 AP 的过程，即终端在一组无线 AP 覆盖范围内自由移动，并对用户提供不间断的网络连接。要实现漫游，相邻的无线 AP 之间必须存在一定的重叠区域且使用相同的 SSID。

⑥ Wi-Fi（Wireless-Fidelity，无线保真）：Wi-Fi 是一种基于 IEEE 802.11x 的无线局域网技术，在日常生活中，我们通常将 Wi-Fi 作为基于 IEEE 802.11x 的无线局域网的代名词。Wi-Fi 也是 Wi-Fi 联盟的商标。Wi-Fi 联盟是一个成立于 1999 年的非谋利商业联盟，它的成立极大推动了无线局域网产业的发展。该联盟参考 IEEE 802.11x 制定了大量认证标准，并负责 Wi-Fi 认证与商标授权的工作，其主要目的是在全球范围内推行 Wi-Fi 产品的兼容认证，发展 IEEE 802.11x。凡是通过 Wi-Fi 认证的产品都被准予打上"Wi-Fi CERTIFIED"的标志（见图 6-34），并可以确保该产品与其他 Wi-Fi 认证产品互相兼容。

图 6-34　Wi-Fi 认证标志

课程思政

课程思政

课后练习

一、单选题

1. 无线局域网的协议标准是哪一个？（　　　）

　　A. IEEE 802.1　　B. IEEE 802.2　　C. IEEE 802.3　　D. IEEE 802.11

2. 以下哪一种协议标准仅工作在 5.8GHz 频段？（　　　）

　　A. IEEE 802.11a　　B. IEEE 802.11b　　C. IEEE 802.11g　　D. IEEE 802.11n

3. 下列 IEEE 802.11x 标准中，哪个标准支持的速率最高？（　　　）

　　A. IEEE 802.11b　　B. IEEE 802.11g　　C. IEEE 802.11n　　D. IEEE 802.11ac

4. 802.11n 支持的最高速率是多少？（　　　）

　　A. 2 Mbit/s　　　　B. 11 Mbit/s　　　　C. 54 Mbit/s　　　　D. 600 Mbit/s

5. IEEE 802.11a、IEEE 802.11b、IEEE 802.11g 之间的区别是什么？（　　）

    A. IEEE 802.11a 和 IEEE 802.11b 工作在 2.4GHz 频段，IEEE 802.11g 工作在 5.8GHz 频段

    B. IEEE 802.11a 支持的速率能达到 54Mbit/s，而 IEEE 802.11g 和 IEEE 802.11b 支持的速率只有 11 Mbit/s

    C. IEEE 802.11g 可以兼容 IEEE 802.11b，但 IEEE 802.11a 与 IEEE 802.11b 之间不兼容

    D. IEEE 802.11a 传输距离最远，其次是 IEEE 802.11b，传输距离最近的是 IEEE 802.11g

二、多选题

1. IEEE 802.11n 工作在什么频段？（　　）

    A. 5.8GHz 频段　　　　　　　　B. 2.4GHz 频段

    C. 只工作在 5.8GHz 频段　　　　D. 只工作在 2.4GHz 频段

2. 以下哪些协议标准采用了 2.4GHz 频段进行传输？（　　）

    A. IEEE 802.11a　　B. IEEE 802.11b　　C. IEEE 802.11g　　D. IEEE 802.11n

3. 以下对 IEEE 802.11x 的速率描述有哪些是正确的？（　　）

    A. IEEE 802.11a 最高速率可达 11 Mbit/s

    B. IEEE 802.11b 最高速率可达 11 Mbit/s

    C. IEEE 802.11g 最高速率可达 54 Mbit/s

    D. IEEE 802.11n 最高速率可达 600 Mbit/s

4. 在无线局域网中，下列哪些方式可用于对无线信号进行加密？（　　）

    A. 禁止 SSID 广播　　B. MAC 地址过滤　　C. WEP

    D. IEEE 802.1X　　E. WPA

5. 有关胖 AP 和瘦 AP 的区别，以下哪些说法是正确的？（　　）

    A. 胖 AP 拥有独立的操作系统，可以单独进行配置和管理

    B. 瘦 AP 无法单独配置和管理，需要配合无线控制器进行工作

    C. 瘦 AP 适用于大规模的无线局域网部署

    D. 胖 AP 适用于构建中小型无线局域网

    E. 某些无线 AP 可以在胖 AP 与瘦 AP 模式之间进行切换

三、简答题

1. 无线局域网与有线局域网相比有哪些优缺点？

2. 在无线局域网的两种基本拓扑结构中，点对点网络和基础结构网络各有何特点？

3. 组建无线局域网一般会用到哪些设备，各有何作用？

项目七
网络使用安全防护

07

任务一　个人信息安全防范

一、任务背景描述

随着信息技术应用范围的不断扩大和深入，个人信息安全也面临更加严峻的形势。如银行卡在自己手里，钱却被人盗取；随意"晒一晒"照片，马上有人猜出拍照地点；手机经常接收到各种骚扰电话；网络金融诈骗事件频频成为新闻焦点等。当前，隐私泄露现象层出不穷，个人财产受损情况频繁发生。"我的信息安全吗？"已成为个人隐私关注的焦点。

二、相关知识

（一）个人信息包含的内容

个人信息是指以电子或者其他方式记录的，能够单独或者与其他信息结合，用来识别特定自然人身份或者反映特定自然人活动情况的各种信息，如个人基本资料（姓名、生日、家庭关系、住址等）、个人生物识别信息（个人基因、指纹、掌纹、面部识别特征等）、联系方式、通信记录和内容、账号密码、财产信息、征信信息、行踪轨迹、住宿信息、健康生理信息、交易信息、上网记录等。

（二）常见的个人信息安全防范案例

（1）伪基站的安全防范

"伪基站"即假基站，不法分子利用现代计算机与通信技术将某些特殊设备伪装成电信运营商的基站，向周边一定范围内的手机发送信息，伪装的号码多为银行、运营商、党政部门的官方号码。伪基站设备运行时，用户手机信号被强制连接到该设备上，导致手机用户无法正常使用运营商提供的服务，用户一般会暂时脱网 8～12s 后恢复正常，部分手机则必须重新启动才能连接网络。

防范措施：①不打开不明号码发送的短信链接；②发现手机信号突然中断时，必须提高警惕；③收到中奖、抽奖等短信时不可轻信；④在手机上被要求输入银行卡、支付宝等的账号及密码时要格外小心，尽量不要在非官方应用程序或非官方网页上进行操作。

（2）钓鱼 Wi-Fi 的安全防范

公共场所免费 Wi-Fi 越来越多，人们进入酒店、餐馆、商场等公共场所后习惯先打开 Wi-Fi 功能，看一下是否有免费的 Wi-Fi。钓鱼 Wi-Fi 就是虚假 Wi-Fi，其成本很低，一般只需要几百元便可以设置一个钓鱼 Wi-Fi 并在公共场合部署。钓鱼 Wi-Fi 在名称上与正规 Wi-Fi 极其相似，例如：咖啡厅的正规 Wi-Fi 名称为 Coffee-free，钓鱼 Wi-Fi 有可能取名为 Coffee-free2，当受害者访问钓鱼 Wi-Fi 时，他的所有数据信息可能会被记录下来，从而使其 QQ 账号、微信账号、游戏密码等个人隐私信息被盗取，甚至导致严重的财产损失。

防范措施：①关闭手机自动连接 Wi-Fi 的功能；②公共场所尽量不要连接未知 Wi-Fi；③不要将自己家里的 Wi-Fi 密码共享并定期修改密码；④在使用未知 Wi-Fi 时不要输入支付宝、微信、QQ、银行卡等的账户及密码信息。

（3）通信诈骗的安全防范

通信诈骗是近年来比较普遍的一种新型网络犯罪行为，不法分子通过使用改号软件、网络电话等技术，利用电话、短信、QQ、微信等社交工具，冒充公检法机关、医保单位、社保单位、救助单位等政府部门和电信运营商、房东等，以牵涉司法事宜、补助金领取、电话欠费等为由进行诱骗或恐吓威胁，骗取受害人向其汇转资金。

"六个一律"防电信
诈骗宣传视频

防范措施：①凡是涉及银行账户信息及中奖的电话，一律挂掉；②凡是让点击链接的不明短信，一律删除；③凡是 QQ 或微信发来的莫名链接，一律不点；④凡是谈到"电话转接公检法"信息的电话，一律挂掉；⑤凡是自称领导、同事、同学、亲戚要求汇款的，一律不管；⑥凡是告知家属出事需要汇款的，一律举报。

（4）二维码的安全防范

二维码已经在我们的生活中扮演了相当重要的角色，只要掏出手机扫一扫，或者被别人扫一下，我们就可以转账或付款；结交好友不用携带名片，扫一扫即可；街上经常有人拿着二维码，扫一下便可以免费领取小礼品等。不法分子可以生成一个带有木马病毒的二维码，受害人扫描该二维码后，不法分子通过云端软件可以获取受害人的身份证号、银行账号、手机号码等重要信息，并通过手机号码截获银行、购物网站发来的验证信息，从而轻松转走受害人银行卡里的资金。

防范措施：①不要贪图便宜随便扫描未知二维码；②扫描二维码后若要求填写个人账户信息，应当毫不犹豫坚决拒绝；③手机上安装正规防病毒软件，定期扫描手机以确保安全。

（5）充电宝的安全防范

随着移动互联网的兴起，掌上移动电子设备成为人们日常生活中不可或缺的工具，作为移动电源的充电宝可以在我们外出时为手机等电子设备提供电力续航，因而在生活中也占据了举足轻重的位置。可许多人并不清楚，充电宝也能泄密，市面上有一种被植入木马病毒程序的"病毒充电宝"，手机一旦连上它充电，计算机病毒就会通过 USB 接口自动读取手机内的信息，不法分子就可以将收集到的个人信息复制到充电宝自带的存储设备或通过 Wi-Fi 偷偷传送至指定地点，从而达到自己的非法意图，使受害者隐私泄露或经济受损。

防范措施：①不要随意领取和购买来历不明的移动电源，如有需要，应从正规渠道购买；②尽量不借用陌生人的充电宝；③最好使用直充电源，谨慎使用公共场所提供的免费充电接口；④连接充电宝时，若手机上弹出"是否信任"的提示，不要点击"信任"选项，并提高警惕。

（6）淘汰手机的安全处理

随着科技的进步，人们更换手机的频率越来越高，许多人选择卖掉或者丢弃旧手机，殊不知废弃手机容易变成个人信息泄露的罪魁祸首。当我们删除手机上的数据时，只是将数据做了一个"删除"标记，实际数据并未从存储介质上清除，只是用户看不见而已，只要删除的数据没有被覆盖，都能通过数据恢复软件进行恢复，即使使用手机自带的"恢复出厂设置"功能，也无法彻底清除全部数据。

防范措施：①在出售旧手机之前务必删除个人信息，拔出手机卡及存储卡；②找专业人士帮助清除手机信息；③解除手机应用软件所关联的账号及服务。

（7）移动存储介质的安全防范

U 盘、移动硬盘、内存卡等移动存储介质在为我们的工作带来便利的同时，也带来了不容忽视的信息安全隐患。借助 U 盘传播计算机病毒早已成为计算机病毒传播的主要方式。U 盘病毒通常利用 Windows 操作系统的自动运行功能进行传播，当用户打开 U 盘浏览文件时，病毒便会自动运行。

防范措施：①保管好移动存储介质，防止因被盗或丢失造成泄密；②区分工作与生活使用的移动存储介质，减少移动储存介质在多台计算机上的交叉使用；③使用正规的杀毒软件经常对计算机、移动存储介质进行病毒查杀，不定期更换不同的防病毒产品进行查毒；④关闭移动存储介质的自动运行功能，先杀毒再使用移动储存介质。

（8）网盘（云盘）的安全防范

随着信息化的快速发展，云存储服务应运而生，其在线存储的容量大且功能丰富，非常具有吸引力。于是，网盘（云盘）成为人们在办公、生活、娱乐时存储及共享文件的重要工具，使用者也越来越多。但某些网盘在进行数据的上传和下载时，客户端与服务器之间传输的数据没有进行加密，攻击者可以直接截获数据包。另外，攻击者还能够利用窃取到的用户历史访问数据，适当修改文件名和路径，对用户的数据进行读取和删除操作，从而给网盘用户带来重大损失。

防范措施：①尽量不要使用网盘存储重要及私密文件，以防止信息泄露；②网盘里的存储内容一定要在本地备份，避免被不法分子修改或删除；③对保存在网盘上的数据进行加密；④彻底清空网盘回收站中的已删除文件，并删除访问、传输及共享文件后的历史记录。

（9）移动支付安全防范

如今，移动支付盛行，支付宝、微信等支付方式在给人们带来便利与快捷的同时，隐患也随之潜伏，用户稍有不慎就会导致个人财产受到损害。其中，手机短信验证代替银行密码的快捷支付，在方便人们生活的同时，也留下了相当大的安全隐患。

防范措施：①手机、身份证和银行卡尽量不要放在一起，避免同时丢失造成损失；②第三方平台的支付密码与银行卡的支付密码不要相同；③手机和第三方平台设置不同的解锁密码，手机内不要存储身份证及银行卡信息，若丢失手机，应及时补办手机卡。

（10）社交网络安全防范

社交网络的广泛使用，使人们的个人情感、生活等得到了更加充分的展示，然而这些社交网络也潜伏着安全隐患。许多家长在社交网络"晒幸福"，不经意间泄露了相貌、家人、财产状况等信息，这些可能被不法分子利用，通过绑架、恐吓等方式向家长索要钱财，危及孩子的生命安全；如果发布的照片或信息还带有炫富色彩，那就更容易被不怀好意的人盯上。

防范措施：①不要暴露平常外出的日程、行踪，不要晒财富及贵重物品等；②不要随意在网上发布火车票、飞机票、护照、车牌、孩子照片及姓名等信息；③在手机中关闭位置设置功能；④在社交软件设置中增加好友验证功能，关闭"附近的人"和"所在位置"等功能。

任务二　Windows 操作系统安全设置

一、任务背景描述

随着计算机网络规模的扩大和网络应用的深入，网络安全问题日益突出。传播木马病毒、植入间谍程序、跳转恶意网站、假冒欺骗等网络攻击行为日趋复杂，各种威胁相互融合，使得网络安全防御工作更加困难。在诸多的网络安全问题中，确保操作系统安全在信息系统的整体安全性中具有至关重要的作用，是保护信息系统安全的基础，操作系统一旦感染计算机病毒、遭受入侵或其他破坏，将导致信息泄露或造成重大经济损失，并严重影响正常工作的顺利开展。

二、相关知识

（一）网络安全概述

网络安全通常是指计算机网络的安全或计算机通信网络的安全。广义上的网络安全指网络系统的硬件、软件及其系统中的信息受到保护，它包括系统连续、可靠、正常地运行，网络服务不中断，系统中的信息不因偶然或恶意的行为而遭到破坏、更改或泄露。狭义上的网络安全则侧重于网络传输的安全。

从技术及应用的角度来讲，网络安全涉及的内容包括操作系统安全、数据库安全、网络站点安全、计算机病毒防护、访问控制、加密、鉴别七个方面。从层次结构上来讲，也可以将网络安全涉及的内容概括为物理安全、系统安全、运行安全、通信安全、数据安全和管理安全六个方面。

（二）常见的网络攻击方式

网络安全威胁的主要来源包括人为因素、信息存储与传输过程、系统运行环境等，其攻击方式主要表现为窃听、重传（重放）、篡改、拒绝服务、行为否认、电子欺骗、非授权访问、病毒传播等，如图 7-1 所示。

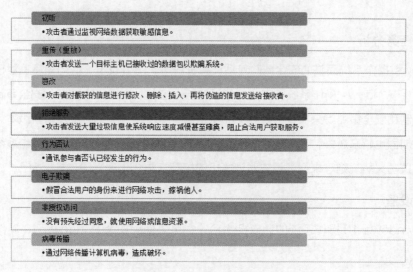

图 7-1　常见网络攻击方式

① 窃听：攻击者通过网络监听来捕获数据，经分析后获取敏感信息，窃取机密，并以此为基础，再利用其他工具进行更具破坏性的攻击。

② 重传（重放）：重传也称为"重放"，是指攻击者发送一个目标主机已接收过的数据包，以达到欺骗系统的目的，这种攻击主要用于身份认证过程。攻击者利用网络监听或者其他方式盗取认证凭据，之后再把它重新发送给认证服务器，以破坏认证的正确性。

③ 篡改：攻击者对合法用户之间的通信信息进行修改、删除、插入，再将伪造的信息发送给接收者。攻击者截获网上传输的数据包，并对之进行更改使之失效，或者故意添加一些有利于自己的信息，起到欺骗或误导系统的作用。

④ 拒绝服务：攻击者通过向服务器发送大量垃圾信息或干扰信息，导致系统响应速度减

慢甚至瘫痪，阻止合法用户获取网络服务。

⑤ 行为否认：通信参与者否认和抵赖已经发生的行为。

⑥ 电子欺骗：通过假冒合法用户的身份来进行网络攻击，从而达到掩盖攻击者真实身份，嫁祸他人的目的。

⑦ 非授权访问：没有预先经过同意就使用网络或信息资源就是非授权访问。它主要有以下几种形式：假冒、身份攻击、非法用户进入网络系统进行违法操作、合法用户以未授权方式进行操作等。

⑧ 病毒传播：通过网络传播计算机病毒，这种行为破坏性非常高，而且用户很难防范。如众所周知的勒索、CIH、梅利莎、冲击波、爱虫、震荡波、熊猫烧香等计算机病毒都具有极大的破坏性，严重的可使整个网络陷入瘫痪。

三、任务实施

（一）任务分析

Windows 操作系统面临的安全威胁包括计算机病毒、黑客攻击、后门程序、泄密、非法访问等，要确保 Windows 操作系统的安全，可通过访问控制、用户账户控制、安全审计、文件系统的安全机制和安全策略等来实现。随着 Windows 操作系统一次又一次发布新版本，微软对系统安全性的加固也越来越好，在 Windows 10 操作系统中我们可以通过更新操作系统、更改用户账户、设置防火墙规则等来保证用户对计算机的控制，防止出现网络攻击行为。

（二）设备

安装 Windows 10 操作系统的计算机 1 台（也可以使用安装 Windows 10 操作系统的虚拟机）。

> **注意** 本任务以 Windows 10 操作系统教育版（版本号 1909）为例来演示实施步骤，若使用的是 Windows 10 操作系统的其他版本或虽然是同一版本但版本号不同，其操作步骤和设置界面可能会有一些差异。

（三）实施步骤

1. 操作系统更新

微软公司每隔一段时间都会发布 Windows 操作系统的更新文件，以完善和加强操作系统的功能。除此以外，更新操作系统可以为系统漏洞打上补丁，防止操作系统受到攻击，Windows 10 操作系统的更新可以通过自动下载更新文件来完成。Windows 10 操作系统无法完全关闭更新，只能临时暂停或推迟（一般在

Windows 系统
安全设置

35 天后会强制更新）。为了更新时不影响计算机的正常使用，可对更新的时间、频率及内容进行设置，具体操作如下。

打开"开始"菜单，单击左侧的"设置"图标，在打开的"设置"窗口中，单击"更新和安全"→"Windows 更新"，在 Windows 更新页面中单击下部的"高级选项"，根据需要设置更新选项，如更新内容、是否自动重启、是否显示更新通知、暂停更新时间、何时安装功能更新和安全更新等，如图 7-2 所示。

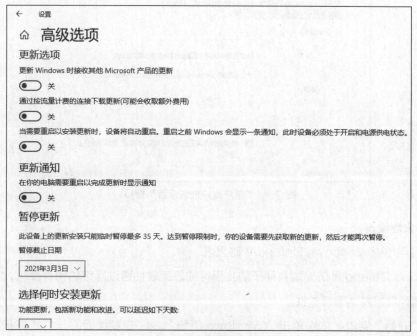

图 7-2　设置更新选项

2. 账户安全设置

打开"开始"菜单，依次单击"Windows 系统"→"控制面板"→"系统和安全"，打开"系统和安全"窗口，如图 7-3 所示。

图 7-3　"系统和安全"窗口

单击图 7-3 所示窗口中"安全和维护"下的"更改用户账户控制设置"，在打开的"用户账户控制设置"窗口中，可上下拖曳左侧的滑块以更改安全级别，该操作用于设置何时通知用户系统发生变化，从而有助于预防有害程序对计算机的更改，如图 7-4 所示，设置完成后单击"确定"按钮。

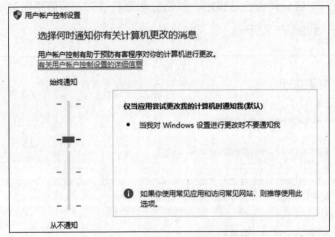

图 7-4 "用户账户控制设置"窗口

3. 防火墙设置

（1）启用/关闭 Windows Defender 防火墙

Windows Defender 防火墙有助于防止黑客或恶意软件通过网络访问计算机，也可以阻止本机向其他计算机发送恶意软件。

打开"开始"菜单，依次单击"Windows 系统"→"控制面板"→"系统和安全"，在图 7-3 所示窗口中单击"Windows Defender 防火墙"，打开防火墙设置窗口，单击左侧的"启用或关闭 Windows Defender 防火墙"，在"自定义各类网络的设置"窗口中就可以启用或关闭 Windows Defender 防火墙，如图 7-5、图 7-6 所示。

图 7-5 Windows Defender 防火墙设置

图 7-6　启用或关闭 Windows Defender 防火墙

（2）设置防火墙过滤规则

在外部网络访问本地计算机时，计算机病毒和恶意程序都可能通过网络感染计算机，使计算机系统受到安全威胁，因此设置防火墙的过滤规则是非常有必要的。

在图 7-5 所示的防火墙设置窗口中，单击左侧的"允许应用或功能通过 Windows Defender 防火墙"，在打开的窗口列表框中，根据需要勾选防火墙允许放行的应用和功能，如图 7-7 所示。右侧的"公用"网络和"专用"网络的区别在于公用网络的防火墙过滤规则更加严格，而专用网络的防火墙过滤规则相对宽松。

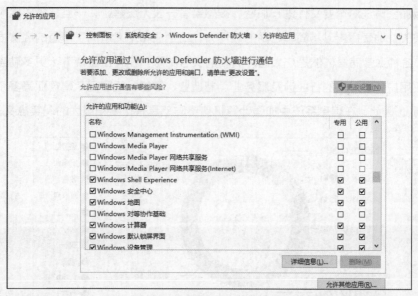

图 7-7　设置防火墙允许放行的应用和功能

若允许放行的应用未在列表框中列出，可单击窗口下部的"允许其他应用"按钮进行添加。

在打开的"添加应用"对话框中单击"浏览"按钮，根据路径添加应用，添加完成后单击"确定"按钮，如图 7-8 所示。

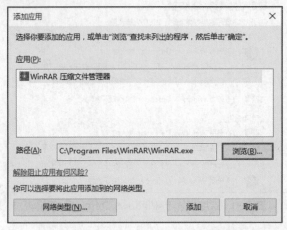

图 7-8　在防火墙中添加允许放行的应用

任务三　计算机病毒的检测与防范

一、任务背景描述

2017 年 5 月，勒索病毒 WannaCry 在全球范围内爆发，该计算机病毒性质恶劣、危害极大，它利用加密算法对重要文件进行加密，被感染者一般无法解密，一旦感染将给用户带来无法估量的损失。勒索病毒以其简单粗暴的破坏力，给企业和个人造成了严重的经济损失，直到 2020 年，各种勒索病毒依然是广大用户面临的头号威胁。在利益驱使下，更多勒索病毒将矛头转向企业用户，被攻击的行业涉及服务业、制造业、零售、互联网、建筑业等多个行业，如图 7-9 所示。因此，在信息系统中加强计算机病毒防范具有重要和重大的现实意义。

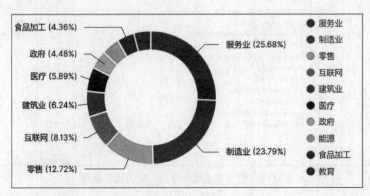

图 7-9　勒索病毒攻击的行业及占比（源于 360 公司发布的《2020 年 PC 安全趋势年终总结》）

二、相关知识

（一）计算机病毒概述

计算机病毒（Computer Virus）是编制者在计算机程序中插入的破坏计算机功能或者破坏数据，影响计算机使用并且能够自我复制的一组计算机指令或者程序代码。与医学上的"病毒"不同，计算机病毒不是天然存在的，是某些人利用计算机软件和硬件所固有的脆弱性编制的一组指令集或程序代码。计算机病毒通过某种途径潜伏在计算机的存储介质或程序里，当达到某种条件时即被激活，通过修改其他程序的方法将自己的精确副本或者可能演化的形式植入其他程序中，从而感染其他程序，对计算机资源进行破坏。

计算机病毒通常具有繁殖性、破坏性、传染性、潜伏性、隐蔽性、可触发性等特点，它可以破坏计算机软硬件及数据信息、消耗系统资源、降低运行速度、损坏用户财产、泄露隐私等。

（二）常见的计算机病毒

（1）木马病毒

木马（Trojan）的全称是"特洛伊木马"，是指隐藏在正常程序中的一段具有特殊功能的恶意代码，是具备破坏和删除文件、发送密码、记录键盘、发起拒绝服务攻击等特殊功能的恶意程序。木马病毒其实是黑客用于远程控制计算机的程序，它将控制程序寄生于被控制的计算机系统中，里应外合，对被感染木马病毒的计算机实施远程操作。一般的木马病毒主要寻找计算机后门，伺机窃取被控计算机中的机密和重要文件等，并可以对被控计算机实施监视、篡改文件等非法操作。木马病毒按照功能可以分为盗号木马、网银木马、窃密木马、远程控制木马、流量劫持木马等几类。典型的木马病毒包括流光、冰河、灰鸽子等。

（2）后门程序

后门（Backdoor）程序一般是指那些绕过安全性控制而获取对程序或系统访问权限的程序。后门程序与木马病毒既有联系也有区别，联系在于它们都是隐藏在用户系统中向外发送信息，以便远程主机对本机实施控制；区别在于木马病毒是一个完整的软件，而后门程序的体积较小且功能相对单一。后门程序的用途也类似于木马病毒，潜伏在计算机中，从事搜集信息工作或为黑客入侵提供方便之门。

（3）蠕虫病毒

蠕虫病毒是一种可以自我复制的程序代码，并且通过网络传播，通常无须人为干预就能传播。蠕虫病毒入侵并完全控制一台计算机之后，就会把这台计算机作为宿主，进而扫描并感染其他计算机。当这些被蠕虫病毒入侵的新计算机被控制之后，蠕虫病毒会以这些计算机为宿主继续扫描并感染其他计算机，这种行为会一直延续下去。蠕虫病毒使用这种递归的方法进行传播，按照指数增长的规律发布自己，进而感染越来越多的计算机。典型的蠕虫病毒包括勒索病毒 WannaCry、冲击波、震荡波、尼姆亚、熊猫烧香等。2017 年横行全球 100 多个国家的勒索病毒 WannaCry 在入侵系统后会加密计算机上的所有重要文件，并向用户索要比特币，如图 7-10 所示。

图 7-10　勒索病毒 WannaCry

（4）脚本病毒

脚本病毒是采用脚本语言设计的计算机病毒，现在流行的脚本病毒大多使用 JavaScript 和 VBScript 脚本语言编写。因脚本应用无处不在，且脚本病毒编写相对简单，故该病毒也成为互联网中最为流行的网络病毒，特别是当它和一些传统的进行恶性破坏的计算机病毒（如 CIH）相结合时其危害就更为严重了。典型的脚本病毒包括爱虫、欢乐时光、红色代码等。

（5）宏病毒

宏病毒也是一种脚本病毒，主要感染微软公司的 Word 和 Excel 文档。宏病毒寄存在文档或模板的宏中，一旦打开这样的文档，其中的宏就会被执行，于是宏病毒就会被激活并转移到计算机上，并长期驻留在 Normal 模板上。从此以后，所有自动保存的文档都会感染上这种宏病毒，如果在其他计算机上打开了感染宏病毒的文档，宏病毒又会转移至其他计算机上。宏病毒的主要危害是造成文档不能正常打印、封闭或改变文件存储路径、将文件改名、乱复制文件、禁用有关菜单功能、文件无法正常编辑等。典型的宏病毒包括 Melissa（梅利莎）等。

（6）网页病毒

网页病毒是网页中含有计算机病毒的脚本或 Java 小程序，它利用浏览器的漏洞通过脚本语言编写一些恶意代码来实现病毒植入。网页病毒容易编写和修改，使得用户对其防不胜防。当用户访问某些含有网页病毒的网站时，网页病毒便被悄悄下载至硬盘，这些病毒一旦被激活，轻则修改用户注册表，使浏览器的首页或标题发生改变，重则可以关闭系统功能、安装木马病毒程序、感染病毒等，使用户无法正常使用计算机，甚至可以将用户的硬盘格式化。典型的网页病毒包括万花谷病毒、新欢乐时光等。

（三）计算机病毒的传播途径

随着计算机网络的快速发展和广泛应用，计算机病毒的传播也从传统的交换媒介传播逐渐发展到通过互联网传播，其主要传播途径有以下几种。

（1）移动存储介质

移动存储介质主要包括 U 盘、光盘、移动硬盘、闪存、SD 卡等。移动存储介质的便携性和大容量为计算机病毒的传播带来了极大便利，这使得其成为计算机病毒传播的主要途径之一。如U 盘杀手病毒就是一个利用 U 盘等移动存储设备进行传播的蠕虫病毒。该病毒会产生一个autorun.inf 文件，这个文件通常隐藏于 U 盘、MP4、移动硬盘和光盘的分区根目录下，当用户双击 U 盘等设备时，该文件就会利用 Windows 操作系统的自动播放功能优先运行 autorun.inf文件，而该文件就会立即执行所要加载的病毒程序，从而破坏用户计算机，使其遭受损失。

（2）网页

当用户浏览不明网页或误入携带木马病毒的网站后，病毒便会入侵计算机系统并安装病毒程序，使计算机不定期自动访问该网站，或窃取用户的隐私信息，给用户造成各种损失。

（3）电子邮件

通过电子邮件传播的计算机病毒，主要依附在电子邮件的附件中，当用户下载附件时，计算机就会感染病毒。由于电子邮件具有一对多发送的特性，其在被广泛应用的同时，也为计算机病毒的传播提供了一种途径。

（4）下载文件

计算机病毒可以伪装成其他程序或隐藏在不同类型的文件中，通过下载文件的方式进行传播。计算机病毒常被捆绑或隐藏在互联网的共享程序或文件中，且以流行的游戏、音乐、图片、视频、文件等方式吸引用户下载，用户一旦下载了这类程序或文件，计算机极有可能感染病毒。

（5）即时通信软件

计算机病毒经常借助 QQ、微信、Skype 等即时通信软件进行传播。即时通信软件本身拥有的丰富联系人列表，为计算机病毒的大范围传播提供了极为便利的条件。现在，通过 QQ 软件进行传播的计算机病毒就达上百种。

（6）无线通信终端

计算机病毒通过智能手机、平板电脑等无线通信终端传播已经成为一种新趋势。手机作为最典型的无线通信终端，由于其普及率高且安全防御能力差，已成为一种新型的计算机病毒传播途径。具有传染性和破坏性的计算机病毒经常利用手机发送短信、彩信，或通过无线网络下载歌曲、图片、游戏文件等方式进行传播。用户在不经意间读取短信、彩信或点击短信中的网络链接，就会使计算机病毒毫不费力地侵入手机。

（四）计算机病毒的防范措施

针对计算机病毒的传播途径，可以通过以下几种措施来减少感染计算机病毒的概率。

① 使用正版操作系统及正版软件，因为盗版软件无法确保其安全性，有可能被植入恶意代码危害信息和数据的安全。

② 安装正规杀毒软件及防火墙，并实时更新病毒库，定期对计算机进行病毒查杀，上网时要开启杀毒软件的全部监控。

③ 利用 Windows Update 及时修补操作系统的漏洞，同时将软件升级至最新版本，避免计算机病毒通过网页木马病毒的方式入侵系统或者通过应用软件的漏洞来进行传播。

④ 培养良好的上网习惯，加强自我保护意识，不要随便浏览、登录陌生或不良网站。现在有很多非法网站含有恶意代码，一旦访问这类网站，就有可能会被植入木马病毒或其他计算机病毒。

⑤ 不轻易打开来历不明的电子邮件及附件，在确定邮件安全性的前提下查阅邮件内容。

⑥ 对网上发布的免费软件和共享软件要谨慎使用，最好到正规网站下载软件，从网上下载软件或文件后，一定要扫描杀毒后再打开。

⑦ 阻止 U 盘、移动硬盘或光盘的自动运行，对 U 盘或其他移动存储设备要先杀毒再使用。

⑧ 使用 QQ、微信等聊天工具时，不要轻易接收陌生人发来的文件，发过来的网络链接也不要随意点击打开。

⑨ 迅速将受到计算机病毒感染的计算机隔离。当使用的计算机感染病毒或发生异常情况时应立即切断网络，防止本计算机受到更多的感染或者成为传播源感染其他计算机。

⑩ 建立系统的应急计划，重要文件定期备份，并进行隔离保存。

三、任务实施

（一）任务分析

为了有效防范计算机病毒，除了对操作系统进行安全设置外，还应该安装反病毒软件并进行合理的设置，常见的免费反病毒软件有 360 安全卫士、腾讯电脑管家等。此外，对于极易感染计算机病毒的文件和容易传播计算机病毒的网页，我们也应该采取一些防护措施，有针对性地修改软件的安全级别，防止打开含有计算机病毒的数据，降低受计算机病毒攻击的可能性。

（二）设备

① 安装 Windows 10 操作系统的计算机 1 台（也可以使用安装 Windows 10 操作系统的虚拟机）。

② 360 安全卫士。

③ Office 办公软件。

④ 360 极速浏览器。

（三）实施步骤

1. 使用 360 安全卫士保护系统安全

使用 360 安全卫士

360 安全卫士是一款由奇虎 360 公司推出的免费安全杀毒软件。360 安全卫士拥有木马查杀、电脑清理、系统修复、优化加速等多种功能，如图 7-11 所示。360 安全卫士依托 360 安全大脑的大数据、人工智能、云计算等新技术，可以智能识别多种攻击场景，提升对高级威胁和攻击行为的检测发现能力。

图 7-11　360 安全卫士主界面

（1）开启防护

在 360 安全卫士主界面单击右上角的"安全防护中心"按钮可以开启立体防护模式，用户可以根据需求在五大防护体系（系统防护体系、浏览器防护体系、入口防护体系、上网防护体系、高级威胁防护体系）下启用不同的防护功能，如图 7-12 所示。

图 7-12　安全防护中心

（2）计算机体检

打开 360 安全卫士，单击主界面中部的"立即体检"按钮，360 安全卫士开始对系统的木马病毒、系统漏洞、插件等项目进行检测，体检结束后给出一个评分。单击"一键修复"按钮，360 安全卫士会根据检测情况逐一修复，如图 7-13 所示。

图 7-13　计算机体检结果

（3）查杀木马病毒

单击主界面上部的"木马查杀"选项卡，在木马病毒查杀界面中，单击中部的"快速查杀"按钮可以快速查杀木马病毒，当然也可以单击右侧的"全盘查杀"和"按位置查杀"按钮以进行其他方式的木马病毒查杀，如图 7-14 所示。在这三种方式中，"快速查杀"针对系统的 10 个项目进行扫描查杀，用时较短；"全盘查杀"针对 11 个项目进行扫描查杀，其中"磁盘扫描"项目用时较长；"按位置查杀"可以针对文件存储位置或不同设备进行查杀，操作比较灵活。

图 7-14　木马病毒查杀

在查杀过程中我们可以勾选界面下部的"扫描完成后自动关机（自动清除木马）"复选框，以便扫描完成后自动清除木马病毒。若 360 安全卫士扫描到疑似木马病毒，也可以选择手动将其删除或加入"信任区"。

（4）计算机清理

单击主界面上部的"电脑清理"选项卡，打开计算机清理界面，单击中部的"全面清理"按钮对系统中的垃圾、插件等进行扫描，如图 7-15 所示。当然，也可以单击右侧的"单项清理"按钮分别对垃圾、插件、注册表、Cookie、软件和软件安装痕迹进行单独扫描。扫描完成后，可以手动选择要清理的项目以完成删除工作。

图 7-15　计算机清理

（5）修复漏洞

单击主界面上部的"系统修复"选项卡，打开系统修复界面，单击中部的"全面修复"按钮可以对系统进行漏洞修复、更新补丁等操作，如图 7-16 所示。当然，也可以在右侧单击"单项修复"按钮分别对系统漏洞、驱动程序进行扫描，对系统和软件进行升级。扫描结束后，可以根据结果选择"完全修复"或者"一键忽略"。

图 7-16　系统修复

2．在 Office 中防范宏病毒

在 Office 中可以通过以下设置防范宏病毒（此处以 Word 为例，Excel 和 PowerPoint 的设置与此相同）。

① 使用杀毒软件查杀 Office 的安装目录和相关 Office 文档。

② 打开 Word，依次选择"文件"→"选项"→"信任中心"，在"Microsoft Word 信任中心"栏下单击"信任中心设置"按钮，在弹出的"信任中心"窗口中，根据需要在"宏设置"栏下选择"禁用所有宏，并且不通知""禁用所有宏，并发出通知"或"禁用无数字签署的所有宏"单选项，如图 7-17 所示。注意：此处是以 Office 365（版本 16.0）为例，其他版本的 Office 其设置步骤可能有些差异。

在 Office 中防范宏病毒

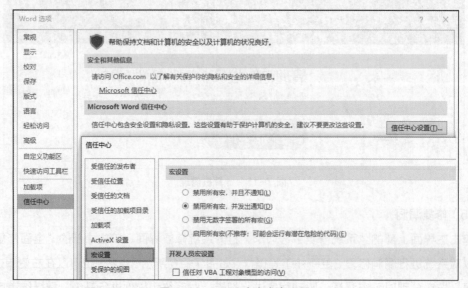

图 7-17　Word 中宏安全设置

3．网页病毒防范

对于网页病毒，我们可以通过浏览器的安全设置来进行防范，此处以 360 极速浏览器（版本 12.0）为例来讲解设置步骤。

（1）禁用或限制使用 Java 小程序及 ActiveX 控件

恶意网站的病毒或木马病毒一般都是通过 Java、JavaApplet、ActiveX 嵌在网页中，禁用或限制这些脚本程序可以增加网络的安全性。单击 360 极速浏览器主菜单下的"工具"→"Internet 选项"，在打开的"Internet 属性"窗口中，单击"安全"选项卡下的"自定义级别"按钮，就可以设置 ActiveX 控件和插件、脚本、下载、用户身份验证及其他安全选项，如图 7-18 所示。

网页病毒防范

（2）启用防追踪隐私保护模式

启用防追踪隐私保护模式可以禁止某些网站收集用户的使用习惯等内容，从而有效保护用

户的隐私安全。单击 360 极速浏览器主菜单下的"选项",打开选项设置页面,切换左侧导航栏至"隐私安全设置",在页面右侧可以看到"隐私安全设置"一栏,勾选"启用防追踪隐私保护模式"复选框,如图 7-19 所示。

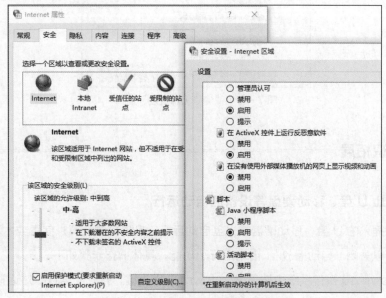

图 7-18　360 极速浏览器的安全设置

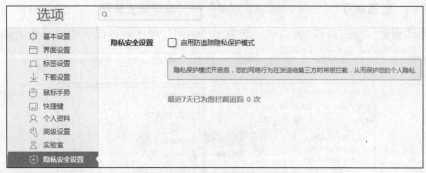

图 7-19　防追踪隐私保护设置

（3）清除 Cookie

Cookie 是某些网站为了辨别用户身份或进行会话跟踪而存储在本地终端上的数据信息（通常进行了加密）。攻击者可以通过木马病毒等恶意程序窃取存放在用户硬盘或内存中的 Cookie,从而获取用户账号信息或假冒受害者发动攻击,为此我们需要清除 Cookie 以保护用户隐私及安全。

单击 360 极速浏览器主菜单下的"工具"→"清除上网痕迹",在打开的"清除上网痕迹"窗口中,勾选相应的选项便可以清除 Cookie 及其他上网痕迹,如图 7-20 所示。当然,若希望浏览器能自动清除上网痕迹,可勾选下部的"退出浏览器时自动清除选中项"复选框。

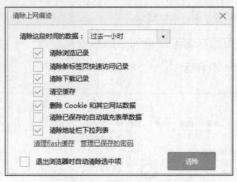

图 7-20　"清除上网痕迹"窗口

四、知识拓展

（一）阻止 U 盘、移动硬盘等设备的自动运行

为了防止插入的 U 盘、移动硬盘或光盘自动运行自身感染的计算机病毒或木马病毒程序，使用组策略可以关闭"自动播放"（自动运行）功能，具体操作步骤如下。

在 Windows 10 操作系统中按下 Windows+R 组合键，打开"运行"对话框，在文本框内输入 "gpedit.msc"命令，打开"本地组策略编辑器"窗口，在左侧区域中依次展开"计算机配置"→"管理模板"→"Windows 组件"→"自动播放策略"，然后在右侧的设置中双击"关闭自动播放"，在打开的窗口中，选中"已启用"单选项并在下部的"关闭自动播放"下拉列表中选择"所有驱动器"，单击"确定"按钮，如图 7-21 所示。

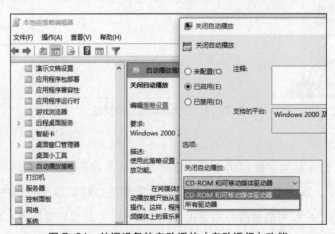

图 7-21　关闭设备的自动播放（自动运行）功能

（二）手机病毒的防范

手机病毒和计算机病毒一样，是一种具有传染性、破坏性、隐蔽性的手机恶意程序，它可以通过发送短信（彩信）、发送电子邮件、浏览网站、下载铃声、蓝牙连接、下载安装应用程序等方

式进行传播，从而导致手机系统被篡改、死机或关机、信息泄露、恶意扣费，甚至破坏手机硬件。

要防范手机病毒，我们可以从以下几个方面采取措施。

① 到专业正规的应用程序平台下载手机应用程序，专业平台在发布应用程序时都会进行手机病毒检测，从而防止手机用户在安装应用程序时被病毒侵入。

② 在使用应用程序时要进行权限设置，在软件设置功能里面选择性地关闭某些敏感权限；手机尽量不要启用 root 权限，这样会降低手机的安全等级。

③ 不要轻易点击陌生短信中的网络链接，如果这些链接是钓鱼网站，当用户点开后，手机病毒就会侵入手机，造成病毒感染。

④ 在手机上安装杀毒软件，定期进行病毒查杀，防止手机感染病毒。

⑤ 不要浏览危险和不正规的网站，不正规的网站可能暗藏很多手机病毒，一旦点开某些链接，病毒就可能会植入手机，导致手机运行速度变慢，甚至无法启动。

课程思政

课程思政

课后练习

一、单选题

1. 通过非法手段获取对数据的使用权，并对数据进行恶意添加和修改，这属于哪一种攻击方式？（   ）

    A. 篡改   B. 窃听   C. 拒绝服务   D. 行为否认

2. 攻击者向服务器发送大量垃圾信息导致系统瘫痪，阻止合法用户获取网络服务，这属于哪一种攻击方式？（   ）

    A. 非授权访问   B. 重传   C. 拒绝服务   D. 电子欺骗

3. 以下对计算机病毒的描述哪一项是不正确的？（   ）

    A. 计算机病毒是人为编制的一段恶意程序

    B. 计算机病毒不会破坏硬件设备

    C. 计算机病毒的传播途径主要是存储介质的交换及网络连接

    D. 计算机病毒具有潜伏性

4. 以下哪一种方法可以防止 U 盘感染计算机病毒？（　　　）

A. 不要把正常 U 盘和有毒的 U 盘放在一起　B. 用酒精将 U 盘消毒

C. 保持机房干净整洁　　　　　　　　　　D. 定期对 U 盘格式化

5. 计算机病毒具有哪些特点？（　　　）

A. 良性、恶性、突发性和周期性　　　　　B. 周期性、隐蔽性、复发性和突发性

C. 隐蔽性、潜伏性、传染性和破坏性　　　D. 只读性、突发性、隐蔽性和传染性

6. 以下哪一项措施不能防范计算机病毒？（　　　）

A. 让 U 盘自动运行　　　　　　　　　　B. 从网上下载的文件先杀毒再使用

C. 不打开来历不明的电子邮件　　　　　　D. 经常升级杀毒软件

7. 下列关于计算机病毒的描述中，哪一项是正确的？（　　　）

A. 杀毒软件可以查杀任何种类的计算机病毒

B. 计算机病毒是一段完整性受到破坏的程序

C. 杀毒软件必须及时更新，以保持计算机的安全性

D. 感染过某一计算机病毒的计算机对该病毒具有免疫性

8. 计算机感染病毒后，以下哪一种措施是比较彻底的清除方式？（　　　）

A. 删除受计算机病毒感染的文件　　　　　B. 删除硬盘上的所有文件

C. 用杀毒软件扫描整个硬盘　　　　　　　D. 格式化硬盘

二、多选题

1. 以下哪些内容属于个人信息？（　　　）

A. 姓名　　　　　B. 住址　　　　　C. 指纹

D. 账号密码　　　E. 上网记录

2. 以下关于淘汰手机的处理方式哪些是正确的？（　　　）

A. 将手机恢复到出厂设置即可放心出售手机

B. 出售手机前找专业人士清除手机上的信息

C. 出售手机前拔出手机卡及存储卡就可以保证个人信息安全

D. 出售手机前应解除应用程序所关联的账号

3. 以下哪些途径可能会传播计算机病毒？（　　　）

A. 使用 U 盘　　　B. 共用鼠标　　　C. 访问网页

D. 使用 QQ　　　　E. 使用电子邮件

三、简答题

1. 日常生活中如何做好个人信息安全防范工作？

2. 如何防范计算机病毒？

3. 计算机病毒的传播途径主要有哪些？